农村环境治理问题研究

——基于农村生态环境与农村人居环境视角

侯国庆　著

中国农业出版社

北　京

图书在版编目（CIP）数据

农村环境治理问题研究：基于农村生态环境与农村人居环境视角 / 侯国庆著 . —北京：中国农业出版社，2024.4

ISBN 978-7-109-31884-7

Ⅰ.①农…　Ⅱ.①侯…　Ⅲ.①农业环境－环境管理－研究－中国　Ⅳ.①X322.2

中国国家版本馆 CIP 数据核字（2024）第 071421 号

中国农业出版社出版

地址：北京市朝阳区麦子店街 18 号楼

邮编：100125

责任编辑：贾　彬　　文字编辑：耿增强

版式设计：杨　婧　　责任校对：范　琳

印刷：北京中兴印刷有限公司

版次：2024 年 4 月第 1 版

印次：2024 年 4 月北京第 1 次印刷

发行：新华书店北京发行所

开本：700mm×1000mm　1/16

印张：12

字数：228 千字

定价：88.00 元

农村环境治理是国家生态文明建设和乡村振兴战略的重要内容，是事关广大人民群众福祉和社会主义现代化建设的关键环节。改革开放以来，中国农村社会经济在飞速发展过程中取得了丰硕成果，但也付出了较大的环境代价。农村土壤污染、水资源污染、空气污染以及村庄生活环境"脏、乱、差"等问题日益突出，严重影响了农村居民的生产生活，以及农业农村的可持续发展。为扭转环境恶化状况，我国政府出台了一系列环境政策和法律法规，并将农村环境治理作为"三农"工作的重点任务。

农村环境治理涉及农村生态环境治理和农村人居环境整治两大部分。其中，农村生态环境治理侧重于农村地区土地、水资源和空气等环境质量的提升；农村人居环境整治则侧重于农村厕所改造、生活垃圾、生活污水以及村容村貌等生活环境的改善。尽管两类治理范畴存在一定差异，但二者紧密联系，相互促进。农村生态环境治理的有效开展，能够为农村居民提供风景优美、舒适宜人的生活环境；而农村人居环境整治的开展，可以减少生活垃圾、污水等对生态环境的负面影响，同时，为了维护良好的生活环境，农民往往还会对农资包装袋，以及废弃地膜等农业生产废弃物进行有效回收处理，以免形成垃圾影响村庄环境，而这也有效保护了农村的生态环境。

基于此，本书试图从农村生态环境治理与农村人居环境整治两方面，系统分析农村环境治理问题。全书共 14 章：第一章为导论；第二章至第四章主要从农村生态环境治理问题和农村人居环境整治问题两方面，对农村环境治理的内涵与基本逻辑进行了探讨；第五章至第八章主要梳理了国外农村环境治理的政策法规体系，探讨了全球农村环境治理的主要发展趋势，归纳了国外农村环境治理过程中的一些主要问题及解决经验，同时，在总结我国农村环境治理发展历程的基础上，探讨了国际经验对我国农村环境治理的启示；第九章至第十四章主要探讨了农村环境治理实践中的一些具体问题，包括畜禽粪污生态环境风险评价、土地承载力测算、养殖户畜禽粪污资源化利用行为，以及县域视角下的农村人居环境整治问题、农村居民生活垃圾分类处理行为、农户"厕所革命"参与意愿等重要议题。

通过本书的深度探讨和综合分析，以期从农村生态环境治理和农村人居环境整治两方面，全面论述农村环境治理问题，向读者阐释我国农村环境治理的理论与实践情况，为相关研究提供深入思考的素材，为相关决策提供有力的实证依据。我国农村环境治理任重而道远，生态环境治理和人居环境整治依然面临严峻挑战，希望本书能够吸引更多社会力量参与农村环境治理，通过全社会共同努力，推进我国农村环境治理不断取得新成绩，绘就宜居宜业和美乡村新画卷。

本书出版得到了内蒙古畜牧业经济研究基地、内蒙古"草原英才团队"——畜牧业经济理论与政策创新团队、内蒙古乡村振兴智库、内蒙古农村牧区发展研究所、内蒙古乡村振兴战略研究中心、国家自然科学基金（环境规制与生产效率对奶牛家庭牧场经营规模选择的影响研究，71863029）的支持和资助，在此表示衷心感谢。

侯国庆

2024 年 2 月

目 录

第一章 导 论

良好的农村环境是农业生产与农民生活的重要基础，更是望得见山、看得见水、留得住乡愁的重要载体和依托。中国社会在经历前所未有的高速发展和翻天覆地变化的同时，农村环境也面临着严峻的挑战与深刻的变革。在早期的城乡二元结构下，为集中力量推动工业与城市的快速发展，我国在农村资源与环境方面付出了较大代价，加之环境治理资金与技术等客观条件限制，农村环境污染问题逐渐凸显。在随后的经济建设过程中，工农业生产的快速发展在推动地方经济不断增长的同时，其负外部性特征也给农村带来了一定的污染问题，部分地区对经济高增长的要求致使"边污染、边治理"情况普遍存在，农村环境污染问题进一步加剧，全面开展农村环境污染治理迫在眉睫。

为有效扭转农村环境污染状况，党的十八大将生态文明建设提升到国家战略层面，并作为重点强化的工作任务。2013 年 5 月 24 日，习近平总书记在十八届中央政治局第六次集体学习的讲话中强调，要用最严格的制度最严密的法治保护生态环境，"只有实行最严格的制度、最严密的法治，才能为生态文明建设提供可靠保障"。2016 年 9 月 3 日，习近平总书记在二十国集团工商峰会开幕式上的主旨演讲中指出："绿水青山就是金山银山，保护环境就是保护生产力，改善环境就是发展生产力。"在此背景下，作为生态安全屏障的重要构成，我国农村环境治理工作得到前所未有的高度重视。在准确把握我国社会经济发展问题的基础上，党的十九大报告指出，农业农村农民问题是关系国计民生的根本性问题，必须始终把解决好"三农"问题作为全党工作的重中之重，实施乡村振兴战略。在乡村振兴战略的指引下，我国农村环境治理制度框架和政策体系不断完善，农村环境治理工作不断推进，农村地区的环境污染状况得到极大改善。党的二十大报告重点强调要"推动绿色发展，促进人与自然和谐共生"，并提出要加快实现发展方式绿色转型，深入推进环境污染防治，进一步深化农村环境治理工作。

农村环境是一个复杂的系统，既包括与自然界联系紧密的生态环境，涉及山水林田湖草沙等各方面；又包括与人类社会紧密联系的人居环境，涉及农村居民日常生活居住的各个环节。因此，农村环境治理涵盖了农村生态环境治理和农村人居环境整治两大部分。在前期农村环境治理工作中，相关政策文件未单独强调人居环境整治问题，而是将两类治理工作进行了统一部署。2017 年，党的十九大报告在乡村振兴战略中明确提出开展农村人居环境整治工作；2018年，中共中央办公厅、国务院办公厅印发《农村人居环境整治三年行动方案》。至此，农村人居环境整治作为一项重要工作连续出现在 2019—2024 年的中央一号文件中，人居环境整治成为我国农村环境治理工作中的重要构成要素。

作为农村环境治理的两个重要组成部分，农村生态环境治理与人居环境整治并不是两个相互独立的体系，二者存在着相互联系、协调推进的关系。一方面，尽管农村生态环境治理侧重于空气污染、水源污染与土壤污染等问题的治理，但其污染物既来自工业、农业的污染物排放，还来自农村生活中的垃圾、污水和黑臭水体污染等；同时，良好的生态环境能够为农民提供优质健康的生活环境。另一方面，现阶段农村人居环境整治的重点是农村厕所改造、生活垃圾与生活污水处理以及村容村貌改善，村庄良好的卫生条件能够减少村民生活对周边生态环境的破坏，同时，良好的卫生习惯有助于进一步提升农民的环保意识，推动农业生产绿色转型，从而降低对自然环境的负面影响。

从全球范围看，世界各国都高度重视农村环境治理问题，并将其纳入国家战略规划和政策体系。农村环境的公共物品属性以及外部性特征，使得政府在治理过程中扮演着不可或缺的主导角色。各国政府在立法、政策、技术、设施与宣传等方面采取多种措施推进农村环境治理并积累了丰富的经验。在立法方面，美国、德国等发达国家，在 20 世纪 70 年代就开始制定并实施了一系列农村环境保护法律法规，为农村环境治理提供了有力的法制保障；发展中国家的环保立法工作相对滞后，但相关法律法规也日趋完善。在政策方面，各国政府普遍实施了绿色农业政策，鼓励农民降低农药、化肥使用量，提高有机肥施用比例，推动农业废弃物资源化利用；同时，加大生态保护资金补偿力度，保障农民生态环境权益。在技术方面，各国政府鼓励环保科技创新，大力推广环保型农业技术，降低农业生产对环境的负面影响。在环保设施方面，发展中国家在农村厕所、生活垃圾与污水处理等基础设施建设方面取得较快发展，农村人居环境获得显著改善。在政府宣传教育方面，各国政府利用多种方式开展环保宣传，提高农民环保意识，鼓励企业、农民与社会组织参与农村环境治理，形成协同共治的良好氛围。

我国政府在农村环境治理政策法规层面进行了诸多努力，出台了一系列环境政策和法律法规，为农村环境治理提供了强有力的政策和法律支持。一是强制性法规与指导性措施相结合。随着《中华人民共和国环境保护法》《中华人民共和国大气污染防治法》《中华人民共和国水污染防治法》《中华人民共和国土壤污染防治法》等法律的相继颁布，我国农村环境治理工作有了更加明确的法律依据，而随着《中华人民共和国乡村振兴促进法》的进一步实施，农村环境治理工作有了明晰的专项法规支持。《"十四五"土壤、地下水和农村生态环境保护规划》《农村人居环境整治提升五年行动方案（2021—2025 年）》等规划方案的提出，为农村环境治理工作的开展提供了有力的指导措施。二是约束性政策与激励性措施相配合。在采取约束性政策有效规范企业、农民等各类主体生产经营活动，防控农村环境污染问题的同时，我国政府还充分利用激励性措施，通过项目支持、奖励补贴、税收优惠等手段，从经济层面鼓励社会力量积极参与农村环境治理。此外，我国还从综合治理与专项治理，重点区域治理与一般区域治理等方面，进行了相关政策法规的建设与完善。

经过持续治理，我国农村环境质量获得极大改善。农村耕地和地下水污染状况得到较大缓解，农业面源污染逐步得到控制，农村环境基础设施建设稳步推进，农村整体生态环境获得明显改善。与此同时，农村生活环境的脏乱差局面得到根本扭转，村庄环境基本实现干净整洁有序，农民卫生观念逐渐改观，农民生活质量普遍提高。

然而，我国农村环境治理仍面临着诸多挑战。农药化肥过量施用等带来的种植业污染，畜禽粪污养殖业污染，以及黑臭水体等导致的农村生态环境污染问题依然突出；农村人居环境总体质量水平不高、区域发展不平衡、基本生活设施不完善、管护机制不健全等问题依然存在。上述环境问题与农业农村现代化要求和农民群众对美好生活的向往还存在一定差距，农村环境治理任务仍然艰巨。因此，在新的历史阶段，要继续加强农村环境治理工作，充分发挥政府、企业和农民等各方力量，依托科技创新，不断探索治理新模式，积极推进农村环境的持续改善，努力建设宜居宜业和美乡村。

第二章　农村环境治理的内涵与逻辑

一、农村环境治理的核心概念

农，天下之大本。农村作为承载农业生产的核心地区，在新时代社会主义现代化建设中占据重要地位，而农村环境治理一直以来都是国家生态文明建设的重要环节。习近平总书记强调"中国要美，农村必须美"，农村环境污染问题是我国社会发展过程中亟待解决的难点问题，日益引起了全社会的广泛关注，也成为学术界研究的热点问题。本部分试图从成因、特点和理论依据等角度全面阐述农村环境治理这一重要命题的核心要义。

1. 农村环境问题的成因

伴随着社会经济的快速发展，农村环境治理问题日益引起全社会的广泛关注，并逐渐成为农村现代化建设过程中的重要任务之一。新中国成立 70 年来，我国农业农村发生了翻天覆地的变化，在取得历史性成就的同时也付出了较大的环境代价，农业资源趋紧、环境问题突出与生态系统退化等问题日渐严重（杜焱强，2019）。农村环境问题中的垃圾围村、地下水质污染、土壤重金属超标以及空气污染等现象不仅影响了农村居民的身体健康，也制约了农村经济社会的可持续发展。此外，如果说农村自身导致的环境污染问题是内源性污染，那么外部工业污染导致的农村环境问题则主要表现为外源性污染。据此，从污染来源角度来看，农村环境问题不仅是农村的事情，还是全社会环境治理的综合性问题（冯亮，2016）。

我国政府高度重视农村环境治理问题，陆续出台了一系列政策法规以推动农村环境治理工作的开展。但由于我国幅员辽阔，各地情况不尽一致，加之较长时间以来政府行政主导的单一农村环境治理模式无法有效应对全国所有行政村的环境治理需求，以致出现了"重建设轻管理、重技术轻机制""治不起、治不净和治不到"等各类问题（杜焱强 等，2016）。为此，研究者们针对农村环境治理问题展开了大量的研究工作。在梳理已有文献的基础上，本章拟将农村环境看作为一个系统，把该系统内部引发农村环境问题的要素称为内源性成因，把系统外部导致农村环境问题的要素称为外源性成因，并据此从内源性成因和外源性成因两个角度，探讨农村环境污染问题的原因。

（1）农村环境问题的内源性成因

首先，农业生产活动是农村环境污染的重要来源之一。一方面，种植业生产活动对农村环境具有一定的污染风险。农作物种植过程中化肥、农药、地膜等的不合理使用，易引起环境污染问题。我国的化肥生产量和使用量位居世界第一，但由于使用方式方法等方面的原因，化肥利用效率偏低，在造成资源浪费的同时也引起了较大的环境污染问题；此外，种植业生产过程中的土壤板结、农药残留、地膜白色污染等问题，在农村地区也屡见不鲜。另一方面，畜禽养殖生产也对农村环境具有一定的污染风险。当畜禽粪污缺乏有效处理时，不仅会影响农村的人居环境，当其产生量超过当地土地承载力后，还会导致土壤和地下水资源的污染问题。

其次，农村居民生活中也可能产生各类环境污染问题。随着经济社会的快速发展，农村居民生活水平不断提高，生活垃圾、生活污水产生量随之快速增加。但由于农村的垃圾和污水等配套处理设施建设相对滞后，加之资金和技术等的限制，农村地区的生活废弃物处理能力无法满足实际需求，部分地区出现了垃圾围村、污水乱排等现象，不仅破坏了当地的土壤和水资源生态环境，还严重影响了农村的人居环境。同时，农村传统生活习惯和废弃物处理方式，并不完全符合现代环境保护的要求，例如北方农村利用渗水井处理生活污水的传统方式，会导致土壤和地下水污染问题的发生。因此，有必要积极开展环境保护教育宣传，帮助农村居民了解环境保护科学知识，并不断完善各类环保配套设施建设，从而实现农村环境的有效治理。

再次，企业生产中排放的污染物也对农村环境造成一定程度的影响。相对城市而言，农村地区的环保监督检查力度相对较弱，由此导致部分污染较大的工业类企业逐渐从城市或近郊地区转移到农村，存在一定程度的污染天堂效应。重污染类企业向农村转移后，导致农村的环境污染风险急剧增加，在引起环境问题的同时也对农村居民的身体健康产生不利影响。例如，一些造纸厂、服装厂和电池厂等企业坐落于农村地区，生产过程中产生的污染物未经严格处理排放到周边地区后，废气、污水、有毒物质严重污染了当地农村环境，以致浅层地下水污染无法饮用、空气中含有刺激性气味等现象时有发生。究其缘由，为降低生产经营费用，部分企业未全程开启污染物处理设施，或甚至没有安装相关配套处理设备；在技术含量低、设备配套简陋且排污量大等情况下，再加上工作人员缺乏环保意识等问题，致使工业污水和废水直接排入乡村河道中，引发了农村大面积的水质和土壤污染（沈费伟，刘祖云，2016）。虽然企业的发展为地方创造了一定的经济效益，但在经济利益的刺激下，部分企业并没有解决好生产过程中的污染问题，导致农村环境污染频发。

（2）农村环境问题的外源性成因

一是城镇地区污染物向农村地区的扩散导致了农村的环境问题。随着我国环境保护政策的日益完善，各类环境保护制度和要求日趋严格；但由于农村地区的环保监督检查力度相对弱于城市地区，由此导致部分城市污染物直接向农村扩散。例如，为规避垃圾处理难题和治理成本，部分地区出现了城市建筑垃圾、生活垃圾违规运输倾倒至农村的情况，部分地区还存在城市生活污水向农村地区的蔓延，农村环境状况受到极大影响（沈费伟，刘祖云，2016）。此外，工业废水、废气和固体废弃物对农村地区的侵蚀，也导致了农村生态环境和人居环境的恶化。

二是早期城乡二元经济结构一定程度上导致了农村的环境问题。新中国成立后，城乡二元经济结构在一个较短的时期内，有效动员了国家工业化所需的巨大投入，对我国现代工业基础体系的建立发挥了重要作用。然而，随着社会经济的不断发展，城乡二元经济结构导致的工农业产品价格剪刀差，致使城乡经济发展水平差距不断扩大，这在一定程度上影响了城市和农村地区对环境治理的态度，以及配套资金投入和相关设施的建设，造成农村环境问题在较长一段时间内没有获得有效关注。近年来，我国将农村环境治理摆放到重要位置，并作为乡村振兴战略的重要内容；然而由于历史原因，我国在农村环境治理方面的基础设施建设、配套资金投入等方面存在较大缺口，农村环境治理工作仍任重道远。例如，我国大力推进了农村垃圾治理，并形成了"村收集、镇转运、县处理"的成功模式，但由于较高的运营成本，仅依靠政府力量难以长期维持，原因在于政府和市场无法实现相对有效的衔接配合。因此，要实现全社会共同参与农村环境治理，必须有效引入社会力量，通过强化村社组织建设，激发农村居民参与环境治理的内生动力，做好配套制度建设，推动农村环境治理目标的有效实现（冯亮，2016）。

2. 农村环境问题的特点

农耕文化孕育了工业文明，农业是社会生产的基础条件，农村是我国工业体系建设的摇篮，在此背景下农村环境问题的重要性尤为凸显。然而，我国农村地域广袤、情况复杂，不同农村地区的环境问题各有特点，因此农村环境问题不同于城市，具备其独有的特殊性以及亟待攻克的难点。

（1）农村环境的重要性

习近平总书记强调"重农固本是安民之基，治国之要"，由此可见农业农村在社会主义现代化建设中的根本性地位，故而农村生态环境与人居环境建设便显得尤为重要，加强农村环境治理意义重大。

从生态环境角度来看，农村地区是连接自然界与人类社会的前沿阵地，相较城市地区而言，农村环境与自然环境的联系更为密切。因此，农村环境的破坏将直接影响自然环境的好坏，甚至危及人类健康及生存发展。在生态文明建设战略与乡村振兴战略的双重重大背景下，农村生态环境建设的重要性不言而喻，面对资源约束趋紧、环境污染严重、生态系统退化的严峻形势，我国政府和全社会深刻地认识到，生态文明建设是实现人类可持续发展的必由之路。

从社会治理的角度来看，农村地区与城镇地区的发展存在一定差异，城市环境状况好于农村环境是两类地区差异的直接体现。长期的不平衡、不协调发展致使城乡两地居民生活水平差异悬殊，大量农村人口向城市流动，社会矛盾加剧。部分研究指出，追求经济收入的提高是农村人口向城市转移的主要动因，但不可否认的是，出于对良好人居环境的向往也是年轻村民进入城市的重要原因之一。因此，加快农村环境治理，完善配套基础设施建设，构建良好的生态环境与人居环境，对于鼓励年轻人返乡创业，帮助农村地区留住发展所需人才具有重要作用。

（2）农村环境问题的特殊性

农村环境问题的特殊性主要表现在两方面。一方面，农村环境治理的有效实现并不完全来源于政府环境政策的实施，可能还依托于村规民约和村内精英的共同发力。农村地区往往具有较强的乡风民俗，相较城市而言有着更多受到村民普遍认可与遵守的村规民约，费孝通先生在《乡土中国》一书中将这种由人情、面子组成的中国农村特有的情景描述为"生于斯、长于斯"的熟人社会。熟人社会中，人际关系、人情面子成为农户环境治理行为的重要准则之一。此外，农村中还存在有精英治村的情况，这些精英可能来自村内德高望重的大姓村民，也可能是村干部等政治精英，抑或是农村大户等经济精英，很多时候村民们比较认同村内精英的意见和态度。例如，当村民间发生矛盾后，往往会由村内精英担任调解人的角色，在讲道理的同时，村内精英很多时候会以"给我个面子"完成调解过程。上述情况的存在，意味着农村环境问题的治理有别于城市，并不是单纯由环境政策作用于个体的环境治理行为，还会依托乡村特有的传统行为准则。

另一方面，从公共物品理论视角来看，农村环境属于公共物品，其过度消耗与使用必然会导致"公地悲剧"的发生，然而绝大多数农村居民并未意识到消耗与破坏环境带来的后果，以及自己应该承担的保护环境的责任。同时，农村公共事务的部分治理费用也需要农户自行筹集，国家给予适当补贴。这样一来，当国家投入相对不足时，农村公共事务治理费用便可能主要依赖农民自筹，农村公共治理问题就变成了农民的负担；而农户基于理性经济人假设，往往会尽可能减少对公共物品的支出，由此导致农村环境治理受到影响。

（3）农村环境治理的难点

基于农村环境问题的特殊性，不难看出农村环境治理的最大难点在于如何合理地协调政府、市场与农户多方力量，充分发挥各方作用以提高农村环境治理的效率。首先，从政府角度看，农村环境的强外部性特点决定了农村的环境治理必须由政府来进行统筹规划和监管保护（沈费伟，刘祖云，2016），只有政府引领正确的方向、出台切实可行的政策、营造积极良好的环境，才能充分激发各部门治理农村环境的内生动力；然而如何制定有效的政策，如何激励公众最大程度参与，是对政策制定者的考验。其次，从市场角度看，根据经济学理论的常识，农村环境是一种公共产品，农村环境治理是一项基本公共服务，市场这只"看不见的手"会在农村环境治理领域"失灵"，在理性人的假设前提下，农村居民以及村镇企业等参与者会一味开发利用农村环境资源，而不会牺牲自身利益去保护农村环境，最终导致环境的破坏，造成无法挽回的损失，因此如何借助政府宏观调控来拯救失灵的市场是解决农村环境问题的又一重大挑战。最后，从农户角度看，激发农户参与农村环境治理的内生动力是解决好农村环境问题的重要途径，要充分利用村规民约的正面激励作用，在农村地区树立良好的乡风民俗，通过宣传、示范等多种形式，引导农户培养健康的生活方式，发挥优良传统文化在农村环境治理中的积极作用。

3. 农村环境治理的内涵

农村环境治理是一个复杂的系统性工作，需要多部门和组织的共同参与，各部门主体如何协调分工、扬长避短，则需要在理论指导下精准施策。从目前理论界对于农村环境治理的研究成果来看，主要集中于三个方面的探讨：一是从经济学角度对环境规制、农村公共物品供给等方面的探究，二是从政治社会学角度的环境理论、新农村建设等方面的研究，三是从地理学角度的乡村空间规划、区域生态环境布局等方面的研究。

（1）农村环境治理的概念

农村环境治理是乡村振兴战略的重要内容，包含了农村生态环境治理和农村人居环境整治两个方面。本章拟探讨的是在党中央的领导下，地方政府、企业、农村社区、农村居民以及社会环境保护组织等主体，对农村生态环境问题和人居环境问题开展的治理行为。党的十八大以来，农村环境治理在党的领导下取得了显著成效，但我国农村人居环境总体质量水平与农业农村现代化要求以及农民群众对美好生活的向往还有差距，因此国家相继出台了一系列相关政策，以进一步推进农村环境的治理与改善。

近年来，我国政府持续关注农村环境治理工作，明确了农村环境治理的基本方向，各级政府部门陆续出台相关政策细化了治理工作。例如：2013年中央一号文件《关于加快发展现代农业　进一步增强农村发展活力的若干意见》，明确提出了关于推进农村生态文明、建设美丽乡村的要求，强调了科学规划村庄建设，严格规划管理，合理控制建设强度。同年，农业部出台《关于开展

"美丽乡村"创建活动的意见》，提出了"美丽乡村"建设的各项具体细则。2018 年，中共中央办公厅、国务院办公厅印发《农村人居环境整治三年行动方案》，以加快推进农村人居环境整治，进一步提升农村人居环境水平。2019 年，中央一号文件《关于坚持农业农村优先发展做好"三农"工作的若干意见》提出，让农村成为农民安居乐业的美丽家园，以巩固发展农业农村好形势，发挥"三农"压舱石作用。2021 年，中共中央办公厅、国务院办公厅印发了《农村人居环境整治提升五年行动方案（2021—2025 年）》，在以往农村环境整治成果的基础上进一步提出改善农村整体环境，强化基础设施建设和管理保护机制的工作意见。2023 年，中央一号文件《关于做好 2023 年全面推进乡村振兴重点工作的意见》进一步提出扎实推进宜居宜业和美乡村建设，强调开展农村人居环境整治，以及持续开展爱国卫生运动。2024 年，中央一号文件《关于学习运用"千村示范、万村整治"工程经验有力有效推进乡村全面振兴的意见》，再次强调了提升乡村建设水平，把农村人居环境整治，补齐农村基础设施短板，完善农村公共服务体系，加强农村生态文明建设作为国家工作的重点任务。

（2）农村环境治理的理论依据

一是公共物品理论视角下的农村环境问题。公共物品理论是探究公共事务的重要经济理论。公共物品具有两大特性，即消费的非竞争性与非排他性。非竞争性是指公共物品被消费者消费时，并不会减少其他人对这种商品的消费；非排他性是指某人在消费一种公共物品时，不能排除其他人消费这一物品。农村环境属于典型的公共物品，其所具备的非竞争性和非排他性致使在环境资源的使用中容易出现"公地悲剧"的现象，即当一片草场作为"公地"无偿向所有牧民开放时，每个牧民都会尽可能地利用这片草场多养牛羊，随着牛羊数量无节制地增加，公地草场最终因超载而成为不毛之地，牧民的牛羊也由于缺乏草料而无以为继。农村环境作为由全体村民共有的公共物品，如果不采取有效的治理措施，极有可能引发类似"公地悲剧"中对公共环境的过度利用以及污染问题，最终导致农村环境极度恶化。因此，开展农村环境治理工作意义重大。

二是利益相关者理论视角下的农村环境治理问题。"利益相关者"一词最早可追溯到弗里曼《战略管理：利益相关者方法》一书，该书明确提出了利益相关者理论，即企业的经营管理者为综合平衡各利益相关者的利益要求而进行的管理活动，与传统的股东至上主义相比较，该理论认为任何一个公司的发展都离不开各利益相关者的投入或参与，企业追求的是利益相关者的整体利益，而不仅仅是某个主体的单独利益。该理论的内涵可以总结为，社会环境中一切个体和系统的行为活动与管理过程都是相互联系的，组织者的目标是在协调各方利益主体的基础上，进行资源整合和优化配置从而实现效用和利益最大化。

运用利益相关者理论分析农村环境治理问题，能够更清晰地了解治理过程中各利益主体的行为动机。该理论能够明晰农村环境治理组织内不同参与主体的身份和地位，从客观上反映出政府、企业、农民和社会组织等各利益相关者为实现各自利益诉求而采取的行动逻辑，为了解主体间利益博弈和行为决策提供了有效的分析框架。同时，该理论清晰地呈现了利益相关者从"影响"到"参与"再到"共同治理"的变迁过程，为农村环境治理政策的制定提供了很好的观察思路和理论视野（沈费伟，刘祖云，2016）。

三是经济学理论视角下的农村环境治理逻辑。从经济学角度看，农村环境治理涉及环境经济学和福利经济学。环境经济学是指运用经济学和环境学的原理和方法，分析经济发展和环境保护之间的相互关系和矛盾，从而把握经济再生产、人口再生产和自然再生产三者之间的关系，探索如何以消耗最小的劳动和资源为代价，创造最清洁舒适的人类生存环境。环境经济学联通了环境保护领域和经济发展领域，其中的循环经济理论指出，只有最大限度地实现地球生态系统内部的资源循环利用，尽可能减少各种废弃物向外界的排放，才能实现地球生命的永续发展。因此，提高经济系统内部物质循环利用水平，可以减少对自然资源的消耗，同时也减少了污染物的排放（李岩，2012）。

福利经济学是研究社会经济福利的经典理论体系，该理论由英国经济学家霍布斯和庇古于20世纪20年代创立。福利经济学中的外部性理论是研究农村环境问题的重要工具，外部性是指一个人或一群人的行动和决策使另一个人或一群人的利益受损或受益的情况，分为负外部性和正外部性两种情况。显然，经济发展过程中引发的环境污染问题，就是由经济发展的负外部性引起的。按照外部性理论，治理环境问题的解决对策之一是通过某种措施将外部性影响进行内部化，即使用各种政策和方案使得制造环境问题的经济主体考虑和承担其经济行为给社会和他人带来的环境成本，其中一个著名的策略就是"庇古税"。对于正外部性通过税收等手段予以补贴，从而补偿外部经济的生产，而对于负外部性通过征税或罚款等方式，抑制外部不经济的供给，但该策略中社会成本的准确值往往难以精确测算，因此在具体操作中存在一定难度。

4. 农村环境治理的必要性

（1）保障农业可持续发展

农村环境治理有助于保护土地、水资源、气候等农业生产资源的安全与可持续发展。通过环境治理，能够促进农田质量的提高，增强抗旱、抗涝、抗风等自然灾害的抵抗能力，确保农业生产的稳定性和持续性。同时，有利于减少农业点源与面源污染，并提高农产品质量，为市场提供绿色、安全的食品，增强农业竞争力，促进农村经济发展。

首先，通过精心规划和实施一系列治理措施，可以有效提升农田质量，使土地更加肥沃和健康，在增加农业收入的同时，为我国粮食安全战略提供有效保障。其次，化肥、农药等化学物质的不合理使用是导致农业污染的主要原因之一，随着环境治理的深入推进，通过科学的治理措施，可以有效控制和减少化学类农资的施用，从而减少其对水源、土壤和生态环境的负面影响。最后，农村环境治理还有助于提高农产品质量。在治理过程中，可以通过改善农田环境、推广绿色农业技术等手段，使农产品更加安全、健康、营养，绿色农产品不仅能够满足消费者日益增长的健康需求，还能促进农业整体竞争力的提升，帮助农民实现增收。因此，农村环境治理是农业生产可持续发展的重要保障，不仅关乎土地、水资源和气候的保护，更关乎粮食安全、农民收入和社会整体福祉的提升。

（2）改善农村生态环境

党的二十大报告对全面推进乡村振兴做出重要战略部署，明确了"建设宜居宜业和美乡村"的目标任务，指出"尊重自然、顺应自然、保护自然是全面建设社会主义现代化国家的内在要求。必须牢固树立和践行绿水青山就是金山银山的理念，站在人与自然和谐共生的高度谋划发展"。

我国农村地域广阔，农村环境治理不仅有助于保护生态系统，更能为生物多样性提供坚实保障，农村环境质量的好坏事关我国整体生态平衡。首先，改善农村生态环境有助于农村的空气变得更加清新，水体更加清澈透明，土壤恢复其肥沃，农村的环境安全和居民健康都将得到有力保障。其次，农村环境治理工作有助于控制和减少污染物的排放。随着各种环保措施的实施，有毒有害物质的释放将会得到有效控制，从而大大降低环境污染事故的发生率，这对于预防和减少农村环境问题与农村居民疾病发生具有重大作用。最后，在废弃物处理方面，通过科学合理的资源化利用手段，能够将畜禽粪污等污染物转化为有价值的农业生产资源，实现"变废为宝"，这种转变不仅能减少环境污染和生态破坏，更能推动农村经济的绿色转型，为可持续发展做出积极贡献。

（3）提高农民生活质量

农村环境治理有助于提高农村居民的生活水平和质量。通过环境治理，农村基础设施将得到进一步完善，农村卫生条件将获得提升，农民生活环境将得到改善；同时，通过发展绿色产业，农民收入能够获得增加，促进农村经济发展。治理农村环境，将还农村一片绿水青山，让农民共享治理的丰硕成果。

农村环境治理并不是一项简单的任务，而是一项复杂的系统工程，涵盖了农村建设等多个方面。首先，通过农村环境治理，农村地区的基础设施将得以优化。原本破旧的道路会变得平坦宽阔，为村民出行提供便利；原本杂乱无章的河道得到整治，恢复清澈的水质，为村民提供安全的生活水源。其次，农村环境治理将有效提升农村居民的生活环境。通过绿化美化工作，农村地区的生态环境焕然一新，绿树成荫、花香四溢；这种环境的优化不仅会提升农村的美观度，还为村民提供了更优质的宜居环境。最后，农村环境治理会促进农村地区卫生条件的改善。垃圾分类、污水处理等工作的开展，将使得农村地区的环境卫生得到有效改善，疾病传播风险大大降低，这对于保障农村居民的身体健康会起到重要作用。此外，环境治理还能推动农村绿色经济的发展。引导农民发展绿色产业是农村环境治理工作的重要一环，通过推动绿色农业、生态旅游等产业的发展，农村地区将形成可持续发展的经济模式，在增加农民收入的同时，为农村经济的长远发展注入新的活力。

（4）促进城乡一体化发展

农村环境治理有助于推进城乡一体化进程。通过农村环境治理，提升农村整体形象，缩小城乡差距，加强城乡交通、通信以及能源等基础设施的互联互通，进一步促进城乡公共服务均等化，为农村发展提供有力支撑。

首先，通过实施环境改善措施，农村地区的整体形象将得以显著提升，展现出和谐、美丽的风貌。这一转变不仅美化了乡村的居住环境，还能增强村民的归属感和自豪感。其次，治理过程有助于缩小城乡差距，确保城乡居民共享优质生活条件。通过加强农村基础设施建设、提升农业科技水平、完善农村社会保障体系等举措，有助于推进城乡公共服务均等化。最后，在推动农村环境治理的过程中，城乡间交通、通信和能源等基础设施的互联互通程度获得提高，农村与城市之间的交通网络建设获得加强，提高了通信设施的覆盖率和传输速度，保障了能源供应的稳定性和可持续性。农村环境治理能够有力推动城乡一体化发展，增强城乡间的凝聚力和协同发展能力，为全面建设社会主义现代化国家的发展目标发挥重要作用。

（5）落实乡村振兴战略

加强农村环境治理，是乡村振兴战略的重要组成内容。乡村生态振兴是乡村振兴战略中五大振兴的重要构成之一，突出了保护和改善乡村生态环境，构建人与自然和谐共生美丽家园的重要任务。要推动乡村生态振兴，必须坚持生态优先，加强乡村突出环境问题综合治理，完善乡村服务设施，建设农民安居乐业的美丽家园，使良好生态成为实施乡村振兴战略的支撑点。

首先，实施乡村振兴战略，生态宜居是关键。良好的自然环境是农村最大的优势和弥足珍贵的财富，要坚持人与自然和谐共生，走乡村绿色发展之路；要牢固树立和践行绿水青山是金山银山的理念，落实节约优先、保护优先、自然恢复优先的原则，统筹山水林田湖草沙的系统治理，严格遵守生态保护红线，以绿色发展理念引领实施乡村振兴发展。其次，生态宜居是乡村振兴战略的一项重要工作。要积极加快公共基础设施向乡村延伸，以优化乡村生活环境、完善乡村公共基础设施为重点，通过"绿化""美化""规划"等措施，把农村建设成为生态宜居、富足繁荣、和谐发展的美丽家园，让村民生活在蓝天白云、青山绿水的舒适环境中。

二、农村环境治理中的生态环境治理

"生态环境保护，功在当代，利在千秋"。农村生态环境治理既是乡村振兴战略的题中应有之义，也是农村环境治理的重要环节。自 2020 年全面建成小康社会以来，农村地区绝对贫困问题得到解决，农村生态环境治理成为乡村振兴的重要任务。面对日益突出的社会发展矛盾以及日趋严峻的生态环境局势，健全现代化农村生态环境治理体系、解决好城乡发展不平衡问题已是迫在眉睫。

1. 农村生态环境治理的内涵

（1）农村生态环境治理的概念

良好的农村生态环境是农村居民赖以生存的基本条件，是农村地区经济发展的基础。农村生态环境与农村环境二者既相区别又相联系。农村环境主要包括农村生态环境和农村人居环境。其中，农村生态环境涉及山水林田湖草沙等各类自然环境，与农村人居环境中的厕所、生活污水和生活垃圾问题存在较大区别。

农村生态环境治理主体包括政府、农民、村民自治组织、社会环保组织等利益相关者，他们在农村生态环境治理中有着不同诉求，故需明确责任，以发挥各自应有职能。总体来看，农村生态环境治理的概念是指政府、企业、农户和各类组织等主体在党中央的领导下，依据各项生态环境治理政策，采用科学有效的治理模式对农村地区生态环境污染问题进行的治理。

（2）农村生态环境面临的主要挑战

近年来，我国政府高度重视农村生态环境治理问题，出台了一系列环境政策，极大地改善了农村生态环境状况。然而，由于历史原因，我国在农村生态环境治理中存在前期基础投入不足，基础设施建设相对滞后等问题，加之城乡环保监督管理严格程度方面的差异，以致出现了城市污染物向农村转移的现象，农村生态环境污染问题突出。

当前农村生态环境主要面临三个方面的挑战。一是由农业生产导致的生态环境污染问题。农业生产中农药化肥的过量使用，农资用品包装袋、废弃地膜等的随意丢弃，以及养殖业畜禽粪污、污水乱排乱放问题，对生态环境形成严重威胁，部分地区仍存在"垃圾靠风刮，污水靠蒸发，屋里现代化，屋外脏乱差"的情况（张志胜，2020）。二是农村生活垃圾、生活污水对生态环境的污染问题。随着生活水平的不断提高，农村生活垃圾、生活污水产生量日渐增多，远超过传统处理方式的承载能力，大量未经处理的垃圾、污水排放至村庄周围的沟渠、河流中，对农村地区的土壤和水资源造成污染，农村生态环境问题凸显。三是工业污染物对生态环境的污染问题。在经济社会发展过程中，部分乡镇企业为追求利润的最大化，忽视了对"绿水青山"的保护，工业"三废"的大量排放严重影响了农村生态环境；加之城乡环保政策执行严格程度上的差异，大量城市工业污染物直接扩散至环境监管相对较弱的农村地区，工业污染对农村生态环境形成严重威胁。

（3）农村生态环境治理的主要模式

为有效实现农村生态环境治理，有关农村生态环境治理模式的研究成为当前学术界讨论的热点。探索符合我国农村地区实际情况的治理模式，将对农村生态环境治理起到事半功倍的作用。从已有研究成果看，农村生态环境治理模式主要涉及治理参与主体、治理资金筹集以及治理实施方式三个方面。

在治理参与主体方面，农村生态环境治理主要采取了多主体协同共治即多元共治模式。在生态公共物品、农村公共事务和公共服务等方面，政府、社会组织、企业和公众等，这些公共和私人机构只要权力合法，均能成为供给主体。据此，农村生态环境"多元共治"模式是指政府、企业、公众及社会其他主体充分发挥各自优势，通过分工合作协商等方式，解决生态环境问题的全过程（田千山，2013）。多主体积极参与，共同构建合作联动网络，形成多元主体共治格局，有助于农村生态环境治理过程中多方主体共赢的实现。

在治理资金筹集方面，农村生态环境治理主要采取了"政府主导、农村参与、社会支持"的开源式资金筹集模式。首先，政府发挥好"领航员"作用，通过一系列优惠补贴政策吸引社会资本向农村地区投资，并将其导向农村生态环境治理领域；其次，农村基层结合当地生态环境治理实际情况，确保每一笔资金都花在实处，每一个项目都符合当地现实需求，对于"面子工程""华而不实"的项目严格把关，减少环境治理过程中的资金浪费（阿拉木萨，王利清，2023）。

在治理实施方式上，农村生态环境治理主要有政府主导、村民自治以及服务外包等模式。其中，服务外包主要为 PPP 模式，即政府与社会资本合作模式。PPP 模式通过外包服务的方式，在政府引导下进行市场化招聘与管理，不仅能有效缓解传统政府主导或者村民自治模式下，农村生态环境治理过程中面临的资金不足、人员和技术短缺等问题，还能提高环境治理效率和服务专业化水平，优化环境治理效能，该模式已在众多农村环境治理试点地区应用（郝文强，叶敏，2023）。

2. 农村生态环境治理与农村环境治理的联系

从概念的内涵与外延来看，农村生态环境治理是狭义意义上的农村环境治理。农村环境问题的内涵包括两方面，一是与自然界联系紧密的生态环境问题，涉及山水林田湖草沙等方面的保护；二是与人类社会紧密联系的人居环境问题，涉及农村居民日常生活的各个方面。农村环境问题不仅包含地下水污染、土壤污染以及空气污染等生态环境问题，还包含了垃圾处理、污水处理、厕所革命、村容村貌整治等人居环境问题。显然，农村生态环境治理是在狭义层面上的农村环境治理，主要包括了与自然环境关联较大的一部分农村环境，如耕地土壤环境、河流湖泊水资源环境、空气环境等。

从环境问题成因角度看，农村生态环境问题的成因从属于农村环境问题的成因。农村环境问题的成因分为内源性成因和外源性成因，总领了农村生态环境问题的成因，而农村生态环境问题的成因是对农村环境问题成因的进一步细化。例如：农村生态环境问题成因中相关主体的责任缺失是对农村环境问题成因中企业污染问题背后更深层次原因的进一步挖掘探讨，阐释了治理过程中各主体为谋求自身经济利益，选择性忽视发展过程中的环境问题，甚至是以牺牲环境为代价的行为逻辑。因此，农村生态环境问题的成因是对农村环境问题成因的进一步深化讨论。

从治理过程来看，农村生态环境问题的治理是在农村环境治理相关理论指导下进行的，是农村环境治理工作的具体化体现。根据环境经济学、福利经济学、管理学以及公共物品理论等相关理论，我国在农村生态环境问题治理上探索出了"多主体协同共治"的有效治理途径，构建了符合广大农村实际情况的生态环境治理模式。近年来，我国农村生态环境治理取得一系列丰硕成果，农业的化肥使用量于 2015 年达峰并逐年下降，重污染的企业广泛开展环保改革，一大批青年人才加入农村生态环境治理的第一线，依托互联网平台广泛开展环境保护宣传工作，诸如此类的农村生态环境治理成果不胜枚举，农村环境治理工作在农村生态环境治理的扎实推进中稳步向前。

从治理效果角度看，农村生态环境的改善直接反映了农村环境建设的成效。在党和政府的领导下，我国农村生态环境治理取得显著成效，不仅实现了优美生态环境的保护，还依托良好的生态环境促进了农业生产效率的提升，实现了农业生产与自然生态的和谐发展。此外，农村生态环境保护和治理形成良性循环，将有助于我国生态系统的恢复，良田更加肥沃，河湖更加清澈，山野更加葱郁，既得到了"金山银山"，也保住了"绿水青山"，从而为乡村振兴战略的全面实现奠定扎实基础。

三、农村环境治理中的人居环境整治

舒适宜人、设施完善的农村人居环境代表着广大农村居民对美好生活的向往。自 2018 年农村人居环境整治三年行动实施以来，村庄环境脏乱差的局面得到了改善。2021 年，我国继续发布了《农村人居环境整治提升五年行动方案（2021—2025 年）》，力争到 2025 年，使农村人居环境得到显著改善。本部分拟阐述农村人居环境整治的相关概念，并试图厘清其和农村环境治理的逻辑关系。

1. 农村人居环境整治的内涵

（1）农村人居环境整治的概念

根据吴良镛先生提出的人居环境科学理论，他将人居环境定义为"人类聚居生活的地方，人类利用自然改造自然的主要场所，是人类在大自然中赖以生存的基础"。农村人居环境是狭义的农村环境，其与农村环境之间既紧密联系，又有一定差别。农村人居环境主要是指农村环境中与农村居民日常生活相关的部分村庄环境。本部分探讨的农村人居环境整治主要涉及农村生活垃圾处理、生活污水处理、厕所革命和村容村貌整治等内容。

党的十九大提出构建以政府为主导，企业、社会组织和公众共同参与的环境治理体系。农村人居环境整治主体包括政府、企业、社会组织和农村居民，而农村人居环境整治的内涵便是政府、企业、村民以及社会组织等主体在党中央的领导下，依据环境治理政策和理论，形成科学的治理模式，从而开展农村人居环境整治。

（2）农村人居环境面临的主要挑战

随着我国农村人居环境整治工作的大力推进，农村人居环境整治初见成效，无害化厕所普及率显著提高，生活垃圾和污水的处理问题得到改善，农村面貌有了根本性改观。然而，农村人居环境整体仍面临一定挑战，人居环境整治工作依然任重道远。

首先，农村人居基础设施不完善，相关配套设施建设相对滞后，设施使用效率偏低。例如，由于缺乏统一的垃圾填埋场与处理设施，不少村集体在无害化处置村内生活垃圾上存在困难；户内改建水厕后，由于缺乏粪污排放管网，不少农户通过安装独立储粪罐存储粪污，后期的储粪罐清掏以及维护费用问题成为改厕村民关注的焦点；北方农村在空间布局上较为分散，村与村之间的距离较远，完全铺设生活污水管网并不现实，采取城市生活污水的集中收集处理方式可能并不符合北方农村现实情况，生活污水处理难度较大。

其次，长效运行和监管机制有待完善，各类环保设施的后期运营维护对当地财政支出造成压力，部分工程存在"停工""停摆"风险，易导致农村环境整治效果出现"开倒车"的现象。例如，参考城市污水治理方式建设的污水处理厂，建设成本与运行维护费用过高的问题可能导致农村污水处理厂后期运营资金的持续投入面临较大挑战；"户分类、村收集、镇转运、县处理"的生活垃圾处理模式需要强大的财政资金支撑，可能致使地方政府财政压力过大；部分村委会对于生活垃圾转运、无害化处置及相关设施运营维护等缺乏明确的管理措施，重建设、轻管理的情况较为突出，一定程度上影响了农村人居环境整治效果。

最后，污染治理规划衔接不到位，缺乏整体设计，也影响了农村人居环境整治效果。我国农村人居环境整治工作由于起步相对较晚，污染治理的整体设计与规划不尽完善，由此导致地方在农村环境保护工作中出现了一定偏差，限制了污染治理效果的有效发挥。例如，部分地区采用了"村收集、镇转运、县处理"的垃圾治理模式，但却没有在村庄环节有效开展垃圾分类减量，导致县级垃圾处理中心压力过大，处理设施超负荷运行，甚至出现了垃圾到处倾倒堆放的"垃圾进城"现象；与此同时，在北方干旱地区，由于农村生活污水的统一收集面临许多困难，导致部分已建成的污水处理设施阶段性闲置，造成了资源与污水处理能力的浪费。

（3）农村人居环境整治的主要模式

关于农村人居环境整治模式问题，学者们已展开大量研究工作，并主要围绕治理参与主体、治理关系网络和治理责任分配等方面进行了大量实践探索。

从治理参与主体方面来看，政府为主导、农民为主体是农村人居环境整治的主要模式。《农村人居环境整治提升五年行动方案（2021—2025年）》明确指出，要充分发挥农民主体作用、农村基层党组织领导作用和党员先锋模范作用，组织动员村民自觉改善农村人居环境。政府主导是农村人居环境整治得以展开的前提条件，也是其长治久安的重要保障，而农民为主体则是实现农村人居环境整治的重要途径。通过将政府为主导、农民为主体模式进一步细化，部分研究者还提出了网络化治理、双轨治理和政府市场协同治理等模式。

从治理关系网络方面来看，构建网络化治理模式有助于农村人居环境整治主体间明确分工、相互配合、提高效率。要实现农村人居环境的良好治理，应从环境管理方式和管理手段创新入手，构建网络化治理模式，形成共享式决策机制；通过搭建合作平台，从根本上改变农村人居环境整治自上而下的传统模式（吕建华，林琪，2019）。此外，网络化治理模式有助于增进各部门与机构间的相互联系及协作，通过调动参与各方积极性，从而提高农村人居环境整治效率。

从治理职责分配方面来看，构建"双轨治理＋"模式，有助于充分发挥政府的行政执行能力和村民的自主治理能力。部分学者提出，完全遵循双轨式治理的传统逻辑已不足以推动农村人居环境整治取得高水平绩效，还需要在双轨式治理的基础上再借助资金投入、激励强化、情感联结、协同互动等因素的联动匹配，使之具有超越双轨式治理的复合型治理逻辑与特征，构建"双轨治理＋"

模式（鲁瑞丽，徐自强，2023）。因此，进一步强化政府与村民之间的感情联系，完善奖励机制，加大财政刺激，有助于持续提升农村人居环境整治绩效。

2. 农村人居环境整治与农村环境治理的联系

从概念的内涵与外延来看，农村人居环境整治是狭义的农村环境治理。农村环境问题的内涵包括两个方面，涉及与自然界联系紧密的山水林田湖草沙生态环境保护问题，还包含与农村居民日常生活紧密联系的人居环境问题。农村环境问题不仅包含了地下水污染、土壤污染以及空气污染等生态环境问题，还包含了垃圾处理、污水处理、厕所革命、村容村貌整治等人居环境问题。农村人居环境整治是在狭义层面上进行的，主要包括了与农村生活关联较大的一部分农村环境。

从问题成因角度看，农村人居环境问题的成因从属于农村环境问题的成因。如同前文所述，农村人居环境问题的成因是对农村环境问题成因的进一步细化。例如，农村人居环境问题成因中资金不足导致发展受限，是对农村环境问题成因中政策措施导致农村环境问题的进一步具体探讨，展现了在城乡二元结构发展背景下，农村地区人力物力等资源匮乏，劳动力人口大量流失，人口老龄化严重，人才、资金短缺等问题。在人居环境问题的治理上，仅凭借"一时之策""面子工程"无法从根源上扭转环境恶化的局面，只有平衡城乡之间的发展，从政策上引导社会资源流向农村，激活农村内生动力，才能建立起乡村振兴的良性循环，推动农村人居环境整治之舟行稳致远。

从治理过程来看，农村人居环境问题整治是在农村环境治理相关理论指导下进行的，是农村环境治理工作的具体化表现。我国农村人居环境整治采取了政府为主导、农民为主体的多元化治理方式，在各类农村环境政策的指导下，走出了一条符合广大农村实际情况的人居环境整治道路。经过不断努力，我国人居环境整治已取得诸多成果，"厕所革命"初见成效，全国农村卫生厕所普及率显著提升，远超 20 世纪 90 年代水平，全国农村地区开展了大量污水处理厂建设，"户分类、村收集、镇转运、县处理"等一系列典型垃圾处理模式得到有效运用，农村生活垃圾得到有效治理，村容村貌显著改善，农村整体环境在人居环境整治的扎实推进中获得极大改善。

从治理成效角度看，农村人居环境的改善是优化农村环境的直接体现。在党和政府的领导下，在广大农村居民的积极参与下，经过全社会各方力量共同努力，农村人居环境整治的成效直观体现为农村居民良好生活环境的构建，乡村发展规划科学合理，农村各项基础设施不断完善，公共服务体系日趋健全，农村居民生活质量明显提高，宜居宜业和美乡村建设取得显著成效。

四、农村生态环境治理与农村人居环境整治

农村生态环境治理和农村人居环境整治是从属于农村环境治理的两个不同方面，二者彼此既相互区别，又存在着千丝万缕的联系。在开展农村环境问题的研究过程中，有必要充分认识和把握农村生态环境治理和人居环境整治这两个重要方面，科学理解二者间的关系，通过生态环境治理与人居环境整治的协调同步发展，建设生活环境整洁优美、生态系统稳定健康、人与自然和谐共生的生态宜居美丽乡村。

1. 农村生态环境治理与人居环境整治之间的相互关系

农村生态环境治理与农村人居环境整治看似是两个相互独立的治理工程，实则二者之间存在着相辅相成、相互促进的影响。

农村生态环境治理为农村人居环境整治开辟道路。具体来说，农村生态环境的美化会间接或直接地美化农村人居环境，为农村人居环境整治添砖加瓦。优美的农村生态环境意味着更科学的农业生产方式、更严格的企业排放标准、更深入人心的农村居民环保意识，同时也意味着农村地区更加清新的自然空气、更加清澈的江河湖水、更加葱郁的绿树森林、更加丰富多样的生态系统。这些生态环境的改变反馈于人类社会，最直接的体现就是农村地区的人居环境也随之变得更加优美，村庄的形象变得更加整洁、绿色和健康，随之而来的旅游、康养产业也将带动农村地区的经济发展，从而为农村人居环境问题的进一步治理增添资金来源渠道，形成良性循环。

农村人居环境整治进一步促进了农村生态环境的美化。农村人居环境整治所开展的相关基础设施建设以及环保理念普及等活动，对农村生态环境的治理有直接或间接的促进作用。在进行农村人居环境整治的过程中，大量垃圾处理厂、污水处理厂得以兴建，环境保护思想以及相应行为规范在农村居民中得以普及，农村地区得以改变过去脏、乱、差的生活环境状态，生活垃圾、生活污水得到集中无害化处理，由于"臭水沟""垃圾池"等遭受破坏的自然水域和土地得到净化和修缮，相关草场和林区得以恢复。这些保护环境的人类活动反映到自然界，能够推动大片良田土地得以从垃圾、污水等的围困中解救出来，大片水域从工业与生活废水的污染中得以逐步净化，大量野生动植物重获休养生息的处所。农村生态环境在人居环境整治的过程中得到了长久维护与美化的保障。

2. 推进农村生态环境治理与农村人居环境整治协同发展

农村环境治理是一个复杂且长期的工作，只有认识到农村生态环境治理与农村人居环境整治之间的相互影响，把握好生态治理与人居整治之间的关系，

才能厘清农村环境治理的脉络，实现农村环境有效治理和长期稳定发展。

扎实推进农村人居环境整治建设，发挥其对生态环境建设的促进作用。实施"厕所革命"，结合各地实际普及不同类型的卫生厕所，推进厕所粪污无害化处理和资源化利用。推进农村生活垃圾治理，建立健全符合农村实际、方式多样的生活垃圾收运处置体系，有条件的地区推行垃圾就地分类和资源化利用，开展非正规垃圾堆放点排查整治。梯次推进农村生活污水治理，有条件的地区推动城镇污水管网向周边村庄延伸覆盖；逐步消除农村黑臭水体，加强农村饮用水水源地保护。建立农村人居环境建设和管护长效机制，发挥村民主体作用，鼓励专业化、市场化建设和运行管护。推行环境治理依效付费制度，健全服务绩效评价考核机制。探索建立垃圾污水处理农户付费制度，完善财政补贴和农户付费合理分担机制。依法简化农村人居环境整治建设项目审批程序和招投标程序。完善农村人居环境标准体系。通过农村人居环境整治，有效降低各类垃圾、黑臭水体等对生态环境的污染，借助人居环境整治契机，持续减少人类活动对自然环境的破坏，建设生态宜居美丽乡村。

全力推进农村生态环境治理，促进乡村自然生态环境稳步改善。加强农业投入品规范化管理，推进农药化肥减量施用，完善农药风险评估技术标准体系，严格饲料质量安全管理。加快推进种养循环一体化，建立农村有机废弃物收集、转化、利用网络体系，推进农林产品加工剩余物资源化利用，深入实施秸秆禁烧制度和综合利用，开展整县推进畜禽粪污资源化利用试点。推进废旧地膜和农资包装废弃物等回收处理。探索农林牧渔融合循环发展模式，恢复田间生物群落和生态链，建设健康稳定田园生态系统。深入实施土壤污染防治行动计划，加强农业面源污染综合防治。加大地下水超采治理，控制地下水漏斗区、地表水过度利用区用水总量。严格工业和城镇污染处理、达标排放，建立监测体系，强化经常性执法监管制度建设，推动环境监测、执法向农村延伸，严禁未经达标处理的城镇污水和其他污染物进入农业农村。以生态环境友好和资源永续利用为导向，推动形成农业绿色生产方式，提高农业可持续发展能力，在生态环境治理中打造"绿水青山"，维护"绿水青山"；将"绿水青山"转化为"金山银山"，形成景色秀美、生态宜居的农村环境，以优美生态环境带动经济发展，进一步打造良好的农村人居环境。

第三章　农村生态环境治理问题研究

一、农村生态环境治理的基本理论

1. 农村生态环境治理的含义

良好的生态环境是农村健康可持续发展的重要基础。开展农村污染治理和生态环境保护是"十四五"时期深入打好污染防治攻坚战的重要任务，对于推动农业农村绿色低碳发展具有重要意义。农村生态环境治理是指在农村地区实施一系列措施和行动，以改善和保护农村地区的生态环境，提升农村生态系统稳定性，进而实现农业农村的可持续发展。

一般来说，农村生态环境治理需兼顾以下基本要求：一是综合性。农村生态环境治理需要综合考虑不同问题和因素，涉及生态、经济、社会等多个方面，要从整体上思考和解决问题，避免过度关注单一因素导致治理效果不佳。二是长期性。农村生态环境治理是一个长期的过程，需要持续投入；由于农村地区的生态环境问题复杂且涉及面广，治理工作需要长期坚持和持续改进。三是可持续性。农村生态环境治理应注重经济、社会和生态环境的协调发展，具体措施要注重生态保护和资源合理利用，以确保农村生态环境稳定改善。四是全民参与。农村生态环境治理需要广泛的社会参与和共同努力，政府、企事业单位和公众都应该承担责任，积极参与到治理工作中。五是制度建设。农村生态环境治理需要建立完善的制度和管理机制，包括法律法规的制定、政策措施的实施、监管机构的建立等各方面的工作，为生态环境治理奠定坚实的制度基础。

2. 我国农村生态环境基本情况

（1）农村生态环境的特征

农村生态环境是农民赖以生存和发展的基本条件，是涵盖社会经济、自然和人类活动在内的山水林田湖草沙一体化自然环境，既包括了农村的自然环境，也包括经过改造的人工环境。它关乎农村生产环境和生活环境的各个方面，不仅是农村群众生存的保障，也是农业生产和农村经济发展的重要支撑。在农村生态环境中，自然生态系统包括水域、森林、湿地、湖泊、河流、草原等自然生态系统，这些生态系统具有物种多样性、生态平衡、自我修复等特点；人工生态系统包括农田、果园、畜牧场、渔场、园林等生态系统，这些人工生态系统的建立和管理需要遵守生态学原理和农业生产技术规范，并考虑生态系统的可持续性。

农村地区的生态系统具有以下几个特征：第一，农业活动占据主导地位。农村地区的主要经济活动是农业生产，种植和养殖活动对农村生态系统具有较大影响；农民作为农村生态环境的使用者和保护者，他们的生产生活对农村生态环境的各方面具有影响作用。第二，自然资源丰富。农村地区拥有各类自然资源，包括土地、水资源、森林、草地等，这些资源对于维持农村生态系统平衡发挥着重要的作用。第三，生物多样性。相比城市地区，农村地区具有更丰富的生物多样性；农田、草地和湖泊等自然环境提供了多样化的栖息地条件，容纳了大量不同种类的动植物。第四，农村生态系统中人与自然互动密切。农民依赖良好的自然条件生产生活，同时也会受到自然环境的限制和影响，两者联系紧密。第五，生态系统具有脆弱性。农村生态系统相对脆弱，过度的农业开发会导致土地退化、水资源污染等问题的出现，进而致使农村生态系统恶化，故农村生态环境离不开良好的治理和保护。

（2）农村生态环境现状

当前，社会各界已充分关注到农村生态环境问题。针对农村生态环境现状，大量研究指出工业污染、农业污染以及生活污染是农村生态环境恶化的主要原因（王炜，张宏艳，2020），研究者们基于我国新型城镇化背景等现实情况，对农村生态环境治理的突出问题进行了分类探讨（李秋霞，2021）。总体来看，农村生态环境面临的问题主要涉及畜禽粪便污染、过度放牧、农药化肥污染、森林覆盖率下降等方面。各类污染对农村生态环境的影响主要表现在以下几个方面：一是污染物在空气、水体和土壤中大量积累，如二氧化碳、氧化氮等，对农村生态环境造成严重污染；二是部分污染物被农作物吸收后，进入食品链环节，对农作物生产与人体健康产生较大危害；三是污染物对动植物的生存环境造成严重影响，导致生态平衡被破坏。具体来看，我国农村生态环境问题主要表现为以下几点：

一是畜禽粪污污染风险突出。畜禽粪污污染主要是指养殖过程中畜禽排泄物所产生的污染（刘志林，2022）。首先，畜禽粪便中的氮、磷等营养元素会进入水体，刺激藻类等水生植物的生长，导致水体中大量藻类繁殖，水体中的氧气含量随之下降，造成水体富氧和缺氧情况交替出现，对水生生物造成严重危害。其次，畜禽粪便中的营养元素进入土壤后，会提高土壤的肥力，但长期积累下来，也易导致土壤肥力过高，影响作物的正常生长。同时，畜禽粪污会改变土壤的 pH，进而会影响植物的养分吸收能力。根据《全国第二次污染源普查公报》数据显示，畜禽养殖业所排放的氮、磷总量分别占据了全国排放总量的 19.61% 和 37.95%，成为农业面源污染的主要来源。

二是牲畜过度放牧。根据《2023 年度全国草种供需分析报告》数据显示，在我国近 40 亿亩*的草原面积中，受气候变化、不合理利用等因素的影响，70％以上的天然草原存在不同程度的退化，中重度退化的草原面积已超过总面积的 30％，生态环境和生物多样性面临着巨大的威胁。过度放牧是导致草原生态系统失衡的主要原因之一。牧草是草原生态系统的重要组成部分，它们维持着各种动植物的生存环境，是整个生态系统的基础。长期过度放牧会导致牧草过度消耗，加速土地的荒漠化进程，破坏草原生态系统的稳定性。同时，草原是许多野生动物的栖息地和繁衍场地，它们依赖于草原的丰富植被和食物资源。过度放牧导致的牧草减少和生态失衡，使得野生动物失去了栖息和觅食的条件，严重威胁到它们的生存和繁衍。

三是农药化肥污染问题较明显。农业生产中，经营主体有时为了追求高产量，过度依赖农药和化肥，忽视了环保原则，造成了农药化肥污染问题。来自《中国农业绿色发展报告 2022》的数据显示，2021 年全国农用化肥施用量为5 191 万吨，农药使用量为 24.83 万吨，其中微毒、低毒和中毒农药用量占比超过 99％。过度使用农药会导致土壤污染，农药中含有多种化学物质，如杀虫剂、除草剂和杀菌剂等，它们在农田中被广泛使用以控制病虫草害；但过度使用农药会导致农田土壤中农药残留物累积，这些残留物渗入土壤深层，对土壤微生物和土壤生态系统产生负面影响，破坏土壤的生态平衡，降低了土壤的肥力和抗病虫能力。此外，过量使用化肥使得土壤中的有机质逐渐减少，微生物活性降低，改变土壤结构，降低了土壤的保水保肥能力，增加了土壤侵蚀风险。

四是森林覆盖率下降。森林覆盖率下降是指森林面积相对减少或森林质量下降的现象。森林是地球上最重要的生态系统之一，它们不仅为动植物提供栖息地，还能够吸收大量的二氧化碳，净化空气，保持水源，防止土壤侵蚀等。然而，由于过度砍伐、森林火灾、土地开垦等原因，全球森林面积不断减少，森林破坏速度加快。当前全球森林总面积为 40.6 亿公顷，相当于人均拥有0.52 公顷。以包括森林扩张在内的净面积计算，自 2010 年以来，全球森林面积每年净减少 470 万公顷。伴随森林覆盖率的逐渐减少，沙漠化现象不断加剧。沙漠化的扩展不仅会导致生物多样性丧失、土地荒漠化，还会带来干旱、水源匮乏等问题，严重影响当地居民生产和生活。

3. 农村生态环境治理的理论基础

随着城市化进程的加快，农村生态环境面临着严峻的挑战。农村生态环境治理是保护和改善农村生态环境的必要手段，也是维护生态平衡和生态安全的

---

* 亩为非法定计量单位，1 亩等于 1/15 公顷。

重要举措。为了有效开展农村生态环境治理工作，需要建立一套完整的理论体系，以指导实践，保障环境治理效果。

（1）共生理论

共生理论最早应用于生物学研究领域，其根据物质联系分析生物之间的相互依存关系，包括共同生存、协同演化或相互抑制等关系，这种普遍的"共生"关联反映了事物之间的相互关系。早期研究更多侧重于定性研究，集中在明确动植物之间的寄生、依附、偏利共生和互利共生关系，以及这些关系对主体的利害关系影响程度的研究（柯宇晨 等，2014）。随着对共生理论研究的不断深入，学者们对共生的概念达成了共识，即不同种属通过某种物质联系共同生活在一起。从哲学的角度来看，世界是普遍联系的，只有用联系的观点来看待问题，才能真正实现全面地看待事物内部和事物之间的关系。共生学说以动态的观点看待事物之间的关系，反映出事物发展所处的阶段。生命的成长与发展是一个过程，为了建立与自然和谐共生的关系，社会学研究逐渐提倡用共生思想来指导和分析人的行为。

（2）循环经济理论

循环经济理论强调资源的有效利用和循环利用，最大限度地减少资源消耗和废弃物的排放，是农村生态环境治理的重要理论基础。在农村生态环境治理中，可以通过发展农业循环经济，推广有机循环农业、农村生活垃圾资源化利用等，以减少农业污染和资源浪费，提高农村生态环境质量和可持续发展能力。循环经济的核心概念包括资源的有效利用、废弃物的再利用、生态效益的最大化等。资源的有效利用是指在资源稀缺的情况下，尽可能提高资源的利用效率，以实现资源的节约和优化利用。废弃物的再利用是指将废弃物通过处理和转化，变成新的资源和能源，实现循环利用。现代农业需要将农业生产与工业生产相结合，同时还需要进行工农业配套生产和服务的整合。为了实现现代农业的社会经济生态目标，我们应将现代科技和现代管理理念融入到生态农业理念中，超越单纯农业本身的范畴。通过产业链和价值链的传导，倡导全社会参与治理工作，确保生态系统的稳健运行。

（3）生态农业理论

生态农业理论是农村生态环境治理的重要理论支撑。生态农业理论强调了农业生产方式的转变，推动农业向生态友好型、资源节约型和环境友好型发展。生态友好型农业注重农业活动与自然生态系统的协调，通过模拟自然生态系统的原理和功能来开展农业生产。资源节约型农业旨在最大限度地利用和保护自然资源，减少资源的浪费和过度消耗。环境友好型农业致力于减少农业活动对环境造成的负面影响。生态农业追求的是高效低耗的生产过程和高产优质的农产品，其对农业的拓展性主要表现为四个方面：第一，将生态农业的过程优势和产品优势转化为产业优势和经济优势。第二，现代生态农业的外延不仅包括粮食作物，还包括蔬菜、绿肥、饲料、牧草和花卉等作物，涉及林业、畜牧业、副业、渔业以及其他各种产业。第三，除了第一产业之外，将与农产品相关的二、三产业也纳入建设和服务的综合经营体系，在产供销、农工贸等经营模式上不断发展创新，将以互联网为主的信息科学、农业农村传统文化等多元要素，也纳入现代生态农业范畴。第四，在空间分布和形态上，包括传统的陆地农业和海洋农业，有助于缓解人类水资源、耕地和粮食危机；既有拓宽农业生产渠道，提高农业综合生产能力的高效农业，也有充分发挥农业生产、生态和生活功能的旅游农业，拓展农业表现形态。

（4）协同治理理论

社会系统的运行具有多样性、动态性和复杂性，需要各方共同参与进行治理。首先，社会系统的复杂性体现在各个子系统之间相互作用的复杂关系上。这些子系统既有竞争又有合作，且每个子系统内部都有独特的结构，使得子系统之间的结合方式多种多样。协同治理理论的目标是促进各个子系统之间的协作，以实现系统的最大效益。其次，社会系统的动态性不仅表现在子系统之间的相互竞争和合作上，还表现为整个系统从无序到有序，或从一种结构到另一种结构的转变。在一个系统中，有些力量维持现状，而另一些力量则试图改变现状，这种力量的相互作用推动着系统的发展和变化。协同治理理论强调在相互竞争的力量中找到分化和整合的方法，以不断优化治理效果。最后，社会系统内部的分化、专门化和多样化导致了目标、计划和权利的多样性。各行为主体拥有不同的资源和利益需求，这导致各个子系统之间的目标多元化，目标的实现手段也多种化。协同治理理论在尊重多样性的基础上，寻求实现各个子系统之间目标和实现手段的协同，以形成各主体都能接受的共同规则，而遵守这种规则的结果是实现各方的共赢。

二、农村生态环境质量评价体系

1. 农村生态环境质量评价体系构建的原因

（1）了解当地环境特点，因地实施治理模式

建立农村生态环境质量评价体系有助于了解当地环境特点，因地实施治理模式，从源头上预防和控制环境污染。农村不同地区的农业生产方式、自然条件和人口密度存在差异，对生态环境的影响也各不相同。建立评价体系可以根据当地的实际情况，全面了解农村环境污染、水土流失、草地退化等生态环境状况。通过科学评估，为决策者和科研工作者提供有效决策依据，进而研究和开发与当地生态环境特点相适应的环境治理模式，尽可能做到从源头上预防和

控制污染，确保农村生态环境的健康可持续发展，推动农村生态文明建设。同时，评价结果还有助于了解生态环境动态变化情况，进而有助于掌握不同生态治理模式实施效果，促进相关模式的优化完善，提高农村生态环境治理效果。

（2）加快创新技术手段，因地实施治理技术

建立农村生态环境质量评价体系，有助于推动农村治理技术的研发和应用。随着科技的不断进步，农村生态环境治理技术创新展现出了巨大的潜力和优势，而科学的环境质量评价体系能够促进相关治理技术的研发与突破。首先，科学的评价体系有助于了解不同地区、不同农业生产模式下的环境状况，为创新技术手段的研发和应用提供有效基础数据。其次，评价体系的建立可以帮助研究者了解农村生态环境的特点和问题，进而寻找和开发适宜的治理技术，促进治理效果的提升。例如：在土壤质量差的地区，因地制宜推行有机农业和土壤改良技术；在干旱与半干旱地区，研发和推广适宜当地特点的农业节水抗旱技术等。

（3）因地实施治理举措，优化完善环保措施

建立农村生态环境质量评价体系，对于完善生态环境治理措施、推动农村环境治理举措落地生效具有重要意义。环境治理的因地施策，前提是需要根据具体的地域特点和环境问题制定相应的政策措施；科学的生态评价体系能够全面反映政策实施地区土壤、水资源、大气以及生物多样性等状况，为相关环境治理举措的制定提供宝贵的政策依据。同时，环境质量评估结果还能为后续环境治理措施的完善，提供有效的数据支撑。例如：对于空气污染较为严重的地区，可以加强工业企业排污治理和大气环境监测等措施；对于黑臭水体污染严重的地区，重点加强各类废水排放检测与相关治理，通过因地施策不断促进农村生态环境质量的提升。

（4）有效监督治理过程，科学评价治理效果

农村生态环境质量评价体系有助于提高环境治理监督工作的科学性与有效性。一是科学的评估体系能够及时发现环境问题和变动趋势，为监督治理提供准确的情况反馈，并帮助制定有效的治理措施。二是科学的评价体系有助于提高公众对农村生态环境问题的关注度和参与度，使社会各界更加理性地参与环境监督和治理。三是科学评估体系中的数据和信息公开也有助于社会舆论监督的形成，推动农村生态环境治理更加科学合理和透明。四是科学的评估体系可以及时发现和解决评价体系中存在的问题和不足，提高评价的准确性和有效性。五是科学的评估体系还可以促进相关研究和技术的创新，推动评价工作的创新和改进，为农村生态环境保护和治理提供更有力的支撑。

2. 农村生态环境质量评价的原则及维度

（1）农村生态环境质量评价的原则

由于农业生产和人类活动的影响，农村生态环境面临着许多问题，必须建立全面、系统的评价体系，客观评估农村生态环境状况，并识别出存在的问题和隐患。开展农村生态环境治理评价时，需要遵循以下原则：

一是科学性原则。农村生态环境治理评价应建立在科学性的基础上，采用系统、科学的方法和技术进行评价。评价指标的选择应该具备科学性和可比性，能够准确反映农村生态环境状况和变化趋势。同时，评价过程和结果需要经过科学验证和论证，确保评价结果的可信度和准确性。

二是综合性原则。农村生态环境是一个复杂的系统，受到多个因素的影响，在进行评价时需要综合考虑各种因素的影响，包括自然因素、人为因素、经济因素、社会因素等。评价指标的选择应全面涵盖农村生态环境的各个方面，如空气质量、水质状况、土壤与土质状况等，并能够反映不同因素之间的相互关系和综合效应。

三是时序性原则。农村生态环境是一个动态的过程，受时间变化的影响而不断发展和演变，农村生态环境治理评价需要考虑时间因素，对不同时期的数据进行比较和分析，以了解农村生态环境的长期变化趋势和短期波动情况。评价结果应该具备时间序列性，能够为政府制定和调整农村生态环境治理政策提供科学依据。

四是可操作性原则。农村生态环境治理评价结果需要具备实用性和可操作性，能够为农村生态环境治理工作提供指导和参考。评价结果应该能识别出存在的问题和隐患，并提出具体的治理措施和建议。同时，评价结果的表达方式要简明扼要，易于理解和应用，以便各级政府和相关部门能够及时应用于工作实践。

（2）农村生态环境质量评价的维度

农村生态环境治理评价是通过对农村生态环境进行全面、系统的监测和评估，了解农村生态环境的状况，发现问题并采取相应措施加以改善。在进行评价时，需要考虑到多个维度，以全面把握农村生态环境的各个方面。

一是环境质量。环境质量维度主要包括空气质量维度、水质状况维度和土壤状况维度。农村生态环境治理评价中，需要对农村空气质量进行监测和评估，评价指标包括主要污染物浓度、空气质量指数等，以全面了解农村空气质量状况和影响因素。农村地区的水质状况直接关系到人民群众的生活用水和农业灌溉，对农村河流、湖泊和地下水等水体进行监测和评估的评价指标包括水质污染物、水质类别、饮用水安全等。农村土壤的质量状况影响着农产品的生产和食品安全，其评价指标包括土壤重金属含量、土壤酸碱性、有机质含量等，以了解农村土壤的质量和肥力情况等。

二是生物多样性。生物多样性评价指标包括物种多样性指数、保护区覆盖率等，是维持生态平衡和生态系统功能的重要基础。农村地区的生物多样性受到农业开发、生态破坏等因素的影响。农村生态环境治理评价中，需要对农村地区的植被、动物种群等进行监测和评估，以全面了解农村地区的生物多样性状况。

三是资源利用状况。资源利用状况评价指标包括耕地质量、水资源利用率、能源消耗等。农村地区的资源利用状况直接关系到农村经济和社会可持续发展。农村生态环境治理评价中，需要对资源的利用情况进行监测和评估，以了解农村资源的合理利用程度。

四是环境容量。环境容量的评价指标包括人均资源利用量、耕地人口密度、环境承载力等。农村地区的环境容量是指一个地区可以承载和适应的人口数量和经济活动规模。农村生态环境治理评价中，需要对农村地区的环境容量进行评估，以了解农村地区的发展潜力。

3. 农村生态环境质量评价指标体系的构建

（1）数据采集与检测

数据采集是建立评价体系的第一步。通过对农村地区进行实地调查，在不同农村地区选取典型样本点，采集空气、水、土壤和生物等样品进行分析测试。随着现代科学技术的发展，利用卫星遥感数据获取农村地区的植被覆盖率、土地利用状况等信息，已广泛运用于数据采集过程。数据采集完成后需对采集样本进行检测，目前常用的数据检测方法主要有三种：一是将采集到的样品送至实验室进行化学、生物或物理等相关指标的分析检测；二是使用各种先进仪器设备，如空气质量检测仪、水质分析仪等，对环境指标进行实时监测；三是依托专业机构或专家团队，进行定期的农村生态环境质量评估和监测。为了保障采集数据的质量，在数据检测过程中，严格按照相关国家标准和规范进行操作，确保数据的准确性和可靠性，同时要进行数据的重复测试、比对和验证，确保数据的一致性和可靠性。

（2）评价指标选取与分析

农村生态环境质量评价的核心是建立一套科学合理的指标体系。这个指标体系由一系列衡量环境质量、生态功能、资源利用、生态安全等方面的指标组成。首先，指标应该具备科学性，能够客观反映农村生态环境的状况与变化。其次，评价指标应该能够被测量和计算，而且需要具有一定的可比性和稳定性。再次，评价指标需要具有综合性，能够全面反映农村生态环境的状况。

常用的指标评价分析方法主要包括：一是层次分析法。将评价指标按照层次关系进行划分，通过专家打分和权重计算，得出最终的评价结果。层次分析法可以将复杂的评价问题进行层层分解和比较，从而得到全面且具有可比性的评价结果。例如，根据农村生态环境评价体系的层次结构，利用专家问卷调查和层次分析法，确定各个指标的权重，并进行综合评价。二是灰色关联分析法。通过建立灰色关联度模型，综合考虑各个指标之间的相关性，通过计算各个指标之间的灰色关联度，得出各个指标对于农村生态环境质量的贡献程度，从而进行农村生态环境质量评价。例如，利用灰色关联分析法，分析农村地区的空气质量、水质状况和生物多样性等指标之间的关联程度，评估农村生态环境的整体质量。

（3）常用评价指标列示

①土地承载力。土地承载力是指土地在一定条件下能够承受和维持人类活动及自然环境压力的能力，反映了该区域耕地对粪污的处理能力。土地的承载力越高，预示着该区域养殖业的发展潜力越大。土地承载力的增加，将为该区域内养殖业的发展提供更广阔的空间。土地承载力的计算通常涉及多个因素，包括地形地貌、土壤类型、气候条件、水资源状况、植被覆盖度、人口密度、经济发展水平等。

②畜禽粪污污染警戒值。畜禽粪污污染警戒值指标是一组用于评估畜禽粪污对环境影响程度的指标。这些指标通常包括化学需氧量（COD）、总氮（TN）、总磷（TP）等，它们反映了畜禽粪污中有机物、氮、磷等物质对环境的潜在危害。通过监测和评估这些指标的数值，可以了解畜禽粪污的排放情况和对环境的影响程度，从而采取相应的治理措施，保障生态环境的健康和可持续发展。畜禽粪污污染警戒值的确定是基于区域畜禽粪污负荷量的计算。一般来说，区域畜禽粪污负荷量是通过将各类畜禽粪污的猪粪当量总量除以农作物播种面积来计算的，且不同地区的区域畜禽粪污负荷量计算值对应着不同的畜禽粪污污染警戒值。

③区域畜禽养殖猪当量环境容量。区域畜禽养殖猪当量环境容量是指根据环境负荷承载能力和养殖生态需求，在特定区域内确定合理承载的畜禽猪当量数量。计算方法是将区域作物粪肥氮养分需求量除以单位猪当量氮养分供给量。该概念综合考虑了环境因素、资源利用和生态平衡等因素，旨在确保养殖业可持续发展，避免过度开发和环境破坏。

④畜禽养殖环境风险指数。畜禽养殖环境风险指数是对畜禽养殖业在环境方面可能存在的风险和问题进行评估的指标。其计算方法是将实际畜禽养殖总量除以区域内畜禽养殖猪当量环境容量。该指数综合考虑了养殖场的规模、污染物排放、废弃物处理、水资源利用、粪便管理等因素，以量化评估养殖业对环境的影响程度和潜在风险。畜禽养殖环境风险指数越高，意味着养殖业对环境造成的影响和风险越大。

（4）农村生态环境质量评价体系

①ESI 评价体系。ESI（Environmental Sustainability Index）是由耶鲁大学和哥伦比亚大学等机构联合开发的评价指标体系。该指标体系旨在评估全球各个国家和地区的环境可持续性，用于监测和评估环境政策的实施效果，以及推动环境可持续发展的实践。首先，ESI 通过收集和整合大量的环境数据以评估自然资源利用和环境质量，旨在反映出不同国家和地区的环境承载力和环境压力。其次，ESI 关注生态系统的健康和生物多样性，通过评估森林覆盖率、物种丰富度以及自然保护区的覆盖范围等指标来反映生态系统的健康状况。最后，ESI 还考虑了环境治理的有效性，包括政策措施的实施情况、环境规划与管理、环境法律法规等内容。ESI 评价指标体系包括了数十个具体指标，每个指标都对应着相应的数据和分析方法。例如，针对空气质量，ESI 考虑了二氧化硫、氮氧化物、颗粒物等污染物的浓度数据；对于水质，ESI 关注了化学需氧量、氨氮、总磷等水质参数；在生物多样性方面，ESI 考虑了不同植被类型的覆盖率、特有物种的数量等指标。ESI 的研究成果能够促进国际间环境保护的经验交流和合作，推动全球环境可持续发展。

②EQI 评价体系。EQI（Environmental Quality Index）是由美国国家环境卫生科学研究所（NIEHS）开发的评价指标体系。EQI 涵盖了多个方面的环境指标，包括空气质量、水质、土壤质量、噪音、辐射等。EQI 的核心目标是衡量环境质量，首先，EQI 通过收集和整合大量的环境数据来评估不同地区的环境状况，旨在反映各区域的环境质量差异。其次，EQI 关注不同环境介质的质量，如空气、水、土壤等，通过评估污染物浓度、质量达标情况等指标反映环境的健康状况。再次，EQI 还考虑了环境噪音和辐射等因素对人体健康的影响，以及环境公平性和社会经济特征等因素。EQI 的评价指标体系非常丰富，针对空气质量，EQI 考虑了二氧化硫、氮氧化物、颗粒物等污染物的浓度数据；对于水质，EQI 关注了溶解氧、重金属、有机污染物等水质参数；在土壤质量方面，EQI 使用了土壤酸碱度、重金属含量等指标。这些指标被整合在一起，形成了一个全面而复杂的评价体系，能够较为准确地反映出地区环境质量状况。

③SAFSI 评价体系。SAFSI（Sustainable Agriculture and Food Systems Index）是联合国粮食及农业组织（FAO）开发的评价指标体系，旨在衡量农业和食品系统的可持续性，其不仅考虑生产环节，还涵盖了整个供应链和消费环节。一方面，SAFSI 强调了经济、社会和环境三个方面的可持续性，旨在实现经济增长、社会公平和环境保护的协调发展。另一方面，SAFSI 还考虑了农村和城市之间的联系，以及农民和消费者的参与和权益保护。SAFSI 评价指标体系涵盖了多个具体的指标，各指标对应相应的数据和分析方法。例

如，针对农业生产环节，SAFSI 考虑了土壤健康、水资源利用效率、农业生态系统保护等指标；对于食品供应链，SAFSI 关注了食品损耗、农产品加工和分销的可持续性等方面；在食品消费环节，SAFSI 考虑了饮食多样性、营养均衡和食品安全等指标。这些指标的综合，能够较为准确地反映出国家和地区的农业和食品系统可持续性状况。通过 SAFSI 的应用，政府和决策者可以更好地了解和监测农业和食品系统的可持续性状况，采取有效的政策措施，促进国家和地区之间环境治理经验交流和合作，推动全球农业绿色可持续发展。

三、农村生态环境治理的主要问题

1. 农村生态环境治理的实施困境

一是农村环保治理机制有待进一步完善。农村生态环境是一种公共物品，具有明显的非竞争性和非排他性。针对农村生态环境治理问题，地方政府往往具有较强的政治责任，农村生态环境保护的主导责任应该由地方政府负责。然而在实践中，出于部门职责和利益的考虑，各部门间缺乏有效的协调和沟通，整体规划和统一标准情况较差，有时会出现相互指责和推诿的情况，导致治理工作中出现各种不同的标准和规范，存在责任不清、问题搁置的现象（王芳，黄军，2018）。此外，地方政府在农村生态环境治理方面存在监管力度不足以及执法不严的问题，由于一些农村地区的环保监管力度相对较弱，处理地方企业的违法排污行为时"重拿轻放"，企业的违规排放有时能够逃避处罚，这导致部分地方的农村生态环境面临着直接的威胁和挑战。为此，地方政府应加强基层环保工作，充分发挥治理效能，推动农村生态环境治理的不断提升。

二是农户环保参与意识不强。农村生态环境问题在一定程度上与农户环保意识不足有关。农村地区的环境状况和农户的获得感、幸福感息息相关，理论上农户应该是农村生态环境保护与治理的主力军。然而在实际的环保行动中，由于受教育水平较低，对环保知识的了解和认知不足（白凌婷 等，2023），农户往往对环境问题的关注程度偏低，很多农户认为保护和治理生态环境是政府、企业和社会组织的责任（张志胜，2020）。此外，在经济利益驱动下，一些农户为了追求高产量，在农业生产和生活过程中也会采用非环保的方式，忽视生态环境保护，未严格遵守相关环境法规，致使污染问题日益严重。很多农村地区存在着一种普遍的社会现象，即人人都是排污者，每个人只享受权利，而不履行义务。要改变这种状况，就需要加大对农户的环保宣传和教育力度，通过开展环保知识培训、组织宣讲活动等方式，让农户了解环境保护的重要性，真正理解自己的责任和义务。

三是农村环保资金支持有限。相较城市地区而言，农村地区在环保资金、技术等方面处于劣势。由于农村环境治理成本较高，且养护投入周期长、透明性难以保障，往往导致农村生态环境治理项目推进缓慢，阻碍了农村环境治理的顺利展开。农村环保资金不足问题主要表现在以下几个方面：一是治理资金投入量相对不足。农村生态环境治理是一项长期任务，周期长、风险高，加之生态环境的公共物品属性，社会工商资本往往不愿进入农村环境治理领域，而农村由于自身资金积累有限，导致很多时候农村环保资金主要由政府承担，地方财政压力较大。二是农村生态环境治理基础条件相对薄弱。生态环境治理离不开良好的基础设施条件，例如畜禽粪污处理设施、秸秆回收机械、污水回收处理设备等，然而在很多边远农村地区相关基础设施建设滞后，农业生产与农村生活废弃物处理能力有限，影响了生态环境治理效果。各级政府应加大农村生态环境治理投入力度，并着力通过多种方式引导社会资本进入农村生态环境治理领域，有效破解环保资金投入不足问题。

四是农村环保技术支持不足。农村环境污染的来源多样且分散，单一技术难以迅速实现农村环境治理效果。农村环境污染源主要来自种植业生产、畜禽养殖、工业废弃物处理、人类活动等方面，数量多且分布面广，单一功能的治理技术与多种污染治理需求间的矛盾日益凸显。首先，目前我国农村环境监测站（点）建设相对薄弱，监测设备技术与环保需求存在一定差距，部分农村环境污染监测站（点）缺乏标准化设施，导致监测结果不够准确。其次，农村污染治理技术有待进一步创新。当前农村环境治理技术创新仍有待推进，传统人工清理、填埋、焚烧等废弃物处理方式效率低、成本高，有时难以达到彻底治理的效果。最后，环保研究和创新投入不足，农村环保技术研发能力相对薄弱。与国际先进水平相比，我国在环保科研技术、仪器设备和人才队伍建设方面仍存在进一步提升的空间；同时，各类科研机构之间的合作和协同也不够紧密，在整体研究规划设计与合作交流研发方面还有待加强。

2. 农村生态环境治理问题产生的根源

一是经济环境领域。农村地区的经济发展水平对生态环境治理具有重要影响。第一，经济环境会对农村生态治理的投入和资源分配产生影响。经济发展水平和发展方式直接决定了政府对农村生态治理的投入力度。当经济繁荣、财政收入丰厚时，各级政府更易加大农村生态治理建设资金投入，通过污水处理厂、垃圾处理设施、农业生态保护岗位等项目，有效改善农村生态环境。第二，经济环境决定了农户的经济状况和生计方式，从而影响农户对农村生态环境治理的积极性和主动性。在经济相对困难的地区，农民为了谋生可能会采用过度开垦土地、过度放牧等方式以获取更多收入，从而易导致土地退化、水资源短缺、生物多样性丧失等问题的出现。第三，良好的经济环境能带动农村生态环境绿色化发展。随着人们环境意识的提高和绿色消费的兴起，对生态产品和生态服务的需求逐渐增加。农民可以通过发展生态农业、生态旅游等产业来满足市场需求，提高收入。同时，政府也可以通过出台相应的政策和扶持措施，引导农民参与农村生态治理，实现农村经济转型升级。第四，经济环境会对农村生态治理的技术创新与推广产生影响。良好的经济条件意味着能够有更多的资金与相关资源可用以支持环保技术创新，从而吸引优秀科研机构和企业参与农村生态治理技术研发，推动技术创新及应用。同时，通过奖励、补贴和示范等手段，有助于新技术的普及推广，提升农村环境治理效果。

二是制度环境领域。为了推动地方经济发展，很多地区存在以经济建设为纲的发展思路，经济优先、环境让位于经济发展，由此导致出现了以环境污染为代价的经济发展现象。同时，由于环境治理工作的正外部性特点，使得治理主体无法单独享受到环境治理后的全部好处，致使个体行为人或企业组织往往不愿主动开展环境治理，环境保护大多主要是由政府予以推动和实施。长期如此，使得部分农户认为环境保护是政府的事情，与自己无关。因此，农户个体与企业组织缺乏参与环境治理的内在激励，缺乏开展环境治理的动力（姚瑶，2021）。这就需要通过制度建设，鼓励和引导农户和相关企业参与到农村环境治理工作中，通过构建多元治理模式，推动农村环境治理有效开展。具体来说：首先，应建立政府主导的农村生态环境保护与管理机制，构建明确的法律法规和政策框架基础。通过专项法规制度，明确农村生态环境保护的目标、原则和具体措施，建立相关组织机构和管理体系，以协调和推动农村生态环境保护工作的开展。其次，应加强对农村环境污染监管，加大对生态环境治理的指导，鼓励农民采用环境友好型农业生产方式，通过制度建设，为农村生态环境治理提供可靠的制度保障。

三是社会环境领域。良好的社会外部环境是推动生态治理有效开展的重要条件。践行"绿水青山就是金山银山"的绿色生态发展理念，不仅需要政策层面的顶层设计，还需要全社会的共同参与。我国农耕文明源远流长，寻根溯源的人文情怀和国人的乡村情结历久弥新，具有深厚的乡土文化感情，农村生态环境治理具有扎实的文化土壤。然而，也需要清醒地认识到，在城乡二元经济结构下出现的农村年轻劳动力大量向城市转移，过分强调经济利益而忽视生态环境保护，城市生活方式对乡村传统习俗的冲击等，极大地影响着传统文化中的乡土情怀，农村居民尤其是年轻村民的农村环境治理意识越来越薄弱。通过进城务工、读书、参军、就业等各类形式，大量年轻村民一年中的大部分时间在城市居住，仅是过年等重大节日返乡；短时间在农村居住的经历，使得年轻一代村民对村庄的感情很多时候弱于老一代农户，对村庄环境甚至是村庄的日常治理往往漠不关心，村庄治理和环境维护很多时候依赖老年农户的现象较为普遍。此外，由于生态环境的公共物品属性，很多农户把环境治理简单认为是政府的事情，环保认知不足、环保参与意愿偏低。上述情况的存在，对于农村生态环境治理专业人才的引入、先进技术的应用与推广、农户的积极参与等造成了明显约束。为此，有必要在弘扬中华民族优良传统文化、厚植文化底蕴的基础上，通过切实维护农户根本利益、带动农户增收，提高农户在环境治理过程中的幸福感和获得感，调动广大农村居民参与家乡生态环境治理的积极性和主动性；千方百计创新乡村人才培育引进使用机制，构建良好软硬件条件吸引年轻村民返乡创业，参与农村环境治理，充实生态环境治理队伍中的青年力量；鼓励社会各界投身农村生态环境治理。通过不断优化农村环境治理的外部社会环境，提高全社会对治理工作的认知与理解，进而形成全社会共同参与治理的大格局。

四、农村生态环境治理的影响因素

1. 农业生产活动的影响

农业生产活动对生态环境质量具有直接影响。首先，传统农业生产方式中农药化肥的过量使用、废弃地膜与农资包装袋的丢弃、畜禽粪污未经有效处理的过量排放等，对农村生态环境具有极大威胁。其次，为提高种植经营收入，部分耕地缺乏轮作休耕等耕地保护措施，过分依靠化肥强调高产量，很少施用有机肥对耕地有机质进行调节养护，耕地资源被过度开发。最后，由于农业生产对水资源的大量需求，如何实现农业发展与水资源保护间的平衡，也是农村生态环境治理中的重要内容之一。

为了实现生态环境友好和资源永续利用的目标，需要推动农业生产向绿色模式转变。减少投入品的使用、使生产过程更加清洁、将废弃物转化为资源、改变产业模式可以提高农业的可持续发展能力。具体来说，一要加强农业投入品的规范管理，推动化肥和农药的减量使用，并完善农药风险评估技术标准体系，严格饲料质量安全管理。二要加快推进种养循环一体化进程，建立农村有机废弃物收集、转化和利用网络体系，以促进农林产品加工剩余物的资源化利用；积极实施禁止秸秆焚烧制度，并加强对秸秆的综合利用；开展畜禽粪污资源化利用的试点项目，推动农业废弃物有效利用；推进废旧地膜和包装废弃物等的回收处理工作。三要落实和完善耕地占补平衡制度，实施农用地的分类管理，加大对优先保护类耕地的保护力度；降低耕地开发利用强度，扩大轮作休耕制度试点，制定轮作休耕规划。四要加强水资源环境保护和节水管理，进一步推动农村灌溉用水总量调控和定额管理，建立健全农村节约用水长效机制和政策法规制度，进一步明确农村用水权利，推动农村水价统一制度，形成精准补偿和节水奖励制度。

2. 农村生活方式的影响

随着城市化进程的加快，传统的农村生活方式日益向城市化方向转变，这对农村生态环境保护形成了新的挑战。首先，随着农村社会经济的迅速发展，农村居民的生活水平不断提升，生活垃圾、生活污水产生量不断增加，并逐渐向城市居民人均垃圾、污水产生量靠近，大量产生的生活垃圾和污水对农村地区生态环境形成较大压力。其次，由于历史原因与现实条件限制，农村地区远未建成类似城市的垃圾处理设施以及污水处理厂，有限的处理能力与大量产生的垃圾、污水间的矛盾，导致农村生态环境受到极大威胁。最后，由于农村地区大多地广人稀，全部建设类似城市的垃圾和污水处理设施从经济上看显然不是最适宜的，除了建设费用外，后期的运营维护费用等对农村地区来说都存在较大的资金压力。

为有效降低农村生活垃圾、污水等对生态环境的威胁，有必要做好源头分类减量，以及后续无害化处理工作。一是加强源头治理工作。加强宣传教育，在不影响农村居民生活质量的情况下，有效减少不必要的生活垃圾，尤其是生活污水产生量，减轻后续处理压力。二是做好污染物源头分类。宣传引导农户按照四分类方式，做好垃圾源头分类，降低后续处理难度。三是做好生活垃圾和污水的回收工作。通过放置分类垃圾桶，建设村级集中污水收集设施等方式，并通过宣传、奖励等手段，引导农户将生活垃圾、污水按照相关规定有效放置或排放，避免在房前屋后、村内沟渠等地方随意丢弃垃圾或排放污水。四是开发适合农村实际需求的垃圾、污水处理技术。结合农村现实情况，寻找和探索适合农村生活垃圾、生活污水处理特点的技术与设备，实现对生活废弃物的有效处理，降低农村生态环境污染风险。

3. 环保教育与宣传的影响

环保教育和宣传在农村环境治理中扮演着重要角色。"坚持良好生态环境是最普惠的民生福祉，坚持绿色发展是发展观的深刻革命"（林业与生态编辑部，2022）。农户的经济收益直接依赖农业生产和自然资源，而环境污染会导致农产品的质量下降、生产成本上升，进而影响农民的收入。农民可能缺乏对环境问题的基本了解，以致对生态环境问题的认知不足，影响其环保意愿和行为。

为此，有必要通过环保教育和宣传，让人们了解环境问题的原因和后果，把环境保护意识逐渐融入到日常生活的各个方面。具体来看：第一，环保教育和宣传可以促进农民遵守环保法规（张博 等，2023）。针对农村地区的环保需求，利用电视、广播、网络媒体等渠道，向农民普及环境保护的基本知识和技能，引导农民树立环保意识，减少对自然资源的过度消耗，降低农业生产过程中对环境的压力带动农民参与环保义务活动，为环境治理做出贡献。第二，宣传和教育可以提高农民对环境违法行为的敏感性和认识度。通过宣传和教育，帮助农民逐渐了解环保法律法规的执行情况以及各类环保政策，引导农民认识到环境违法行为的严重性，强化农民环境保护的意识。第三，在农村地区建设一批环保示范村，通过示范村的实践经验，向其他村庄推广环保技术和模式。同时，政府可以组织农民参观学习先进的种植业、畜牧业、林业等环保示范项目，推动农产品的绿色认证和品牌建设，提高绿色农产品的市场竞争力，激励农民从事环保农业生产。第四，经济激励是培养农民环保意识的重要手段。通过给予农民经济补贴、奖励金等方式，激励农民采取环保措施。

4. 农业基础设施建设的影响

农业基础设施建设是实现农业环境治理的重要措施，对于改善农业生态环境、提高农业生产效率、促进农村各项事业发展具有重要意义。首先，农村水利工程建设可以有效解决农村地区周期性缺水与洪涝问题，提升水资源利用效率。农村水利工程可以收集和储存雨水和地下水，为农业生产提供充足的水源；同时水利工程还可以通过调节水位，防止洪涝和滑坡等自然灾害，改善农田排水不畅等情况。其次，农村排灌设施建设也能有效改善农村生态环境。农业生产需要充足的水源和排水设施，不良的排水条件可能会导致土地盐碱化、土壤流失等问题。因此，排灌设施建设可以有效降低农田受灾受损情况，改善农村生态环境。最后，畜禽养殖是农业生产的重要组成部分，但不合理的养殖方式会对生态环境造成严重影响。建设现代化的畜禽养殖和粪污处理设施，有助于降低养殖业对周边生态环境的影响，降低环境污染风险。

为有效加强农业基础设施建设，一要加大资金投入力度。注重农业基础设施建设资金投入政策顶层设计，在确保日常投入的基础上，结合各地实际情况，逐步加大资金投入总量。同时，鼓励社会资本参与农业基础设施建设，构建多元化投融资机制，在缓解政府财政压力的同时，充分发挥市场机制作用，提高资金投入效率。二要完善规划和管理。制定科学合理的农业基础设施建设规划，明确发展目标和重点；充分考虑农业生产需求、区域特点和资源环境条件，合理布局各项基础设施；加强规划实施和项目管理，建立健全监督机制，确保基础设施建设的质量和效益。三要强化合作机制。建立健全政府、企业和农民多方合作机制，形成共建、共享、共赢的格局；通过政府购买服务、公私合作等方式，吸引社会资本参与农业基础设施建设；加强农民合作，充分发挥农民的主体作用，提高其对农村基础设施建设的参与意识和主动性。

5. 科技创新与应用的影响

科技进步和创新对于农村生态环境治理具有重要支撑作用，在提高资源利用效率、减少污染物排放、加强环境监测等方面发挥着不可替代的作用。第一，新能源技术的应用对于农村地区的经济发展和生态保护意义重大。传统农村生产生活中，化石能源等传统能源占据主导地位，这些能源的使用不仅会污染环境，而且也一定程度上影响了农村经济的绿色转型。为此，有必要借助当前新能源发展趋势，通过科技创新丰富农村地区能源类型，在降低传统能源环境污染的同时，助推农村绿色发展。第二，农业生产技术创新可以帮助农民更加科学地利用土地资源，减少农药和化肥的使用量，降低环境污染风险。新型精准农业技术、生态农业技术等，在提高农作物产量、降低土地污染风险等方面已发挥了重要作用。第三，利用好大数据与人工智能技术，可以帮助农民更好地了解农村环境保护的重要作用，通过发展有机农业、绿色农业，提高农产品品质与附加值，让环境保护与农户增收相互促进，进而提高农户参与治理的主动性和积极性。

在农业环境污染综合治理关键技术研究上，有必要针对各区域农业环境污染特征和环境治理要求，以创新促进环境污染综合治理质量提升。具体内容是：一是构建农业生态环境治理信息发布和服务体系，进一步健全农业生态环境治理的信息服务制度，为农业生态环境治理提供信息支持。二是促进农业生态环境治理科技的有效运用，如牲畜粪污饲料化利用、作物秸秆饲料化利用、农业地膜和农资包装袋利用等，构建和完善农业废弃物回收与资源化利用体系，尽可能减少污染问题的发生。三是挖掘农村可再生能源。随着全球温室气体排放量的不断增加，可再生能源已经成为全球关注的焦点，农村作为一个天然的能源生产基地，可以充分利用当地的水力、太阳能、风能等可再生能源，实现对化石能源的替代，降低能源消耗和二氧化碳排放量。

第四章　农村人居环境整治问题研究

一、农村人居环境整治的基本理论

1. 农村人居环境整治的含义

民为邦本，居者有其屋。农村人居环境整治是指在乡村振兴战略的指导下，以政府为主导、村民为主体、社会力量广泛参与等方式，对农村生活居住环境和村庄规划管理等进行综合改善和提升。治理农村人居环境，旨在缩小城乡差距，满足农民对美好生活的向往，构建宜居宜业和美乡村。农村人居环境是一个多元化、复杂化、动态化的综合系统，它由多种要素构成，包括有形要素和无形要素等多个方面。其中，有形要素包括基础设施、公共服务、生活环境、住房条件等方面，是农村人居环境的物质基础；无形要素包括文化活动、社会文明、行为习惯等，是农村人居环境的精神内涵。有形要素与无形要素相互联系、相互影响、相互制约，共同构成了农村人居环境内核。

农村人居环境整治涉及多方面内容，大体可分为"硬环境"和"软环境"两个方面的治理工作：

（1）农村人居"硬环境"整治

农村人居"硬环境"主要是指农村的生活环境，是农民生产生活的基础。农村人居"硬环境"整治的目标是改善农村生活环境状况，提高农村的基础设施水平，保障农民的安全健康，促进农村的绿色发展。农村人居"硬环境"整治的主要内容和措施有：

一是居住环境治理。推进农村厕所革命，普及农村卫生厕所，加强厕所粪污无害化处理和资源化利用，改善农村的卫生状况，提高农民的生活品质。推进农村生活污水治理，分区分类推进农村生活污水的收集、处理和排放，实现农村生活污水的减量化、资源化、循环利用，防止农村生活污水乱倒乱排，减少对农村水体的污染。推进农村生活垃圾治理，实施生活垃圾的分类、减量和利用措施，减少对农村土地的占用和破坏。

二是村庄整体环境治理。推进农村绿化美化，增加绿色空间，提升农村景观效果，营造舒适宜人的生活环境。推进农村黑臭水体治理，改善农村水环境质量。统筹兼顾农村田园风貌保护和环境整治，注重乡土味道，强化地域文化元素符号，综合提升田水路林村风貌，慎砍树、禁挖山、不填湖、少拆房，保护乡情美景，促进人与自然和谐共生、村庄形态与自然环境相得益彰。

三是公共服务基础设施建设。推进农村基础设施建设，完善农村供水、供电、供气、通信、交通、照明等基础设施，提高农村公共服务水平，缩小城乡基础设施差距；深入开展城乡环境卫生整洁行动，推进卫生县城、卫生乡镇等卫生创建工作；推进农村住房改造，加强村庄规划，合理布局农村住房，改造危房，提高农村住房的安全性和舒适性。

（2）农村人居"软环境"整治

农村人居"软环境"主要是指农村的社会文化环境，是农村精神文明建设的体现。农村人居"软环境"整治的目的是提升农村文化品位，增强农民文化自信，促进农村和谐发展。农村人居"软环境"整治内容主要有两项：

一是乡风文明建设。加强农村思想道德建设，弘扬中华优秀传统文化，培育社会主义核心价值观，引导农民树立文明健康的生活方式，营造良好的社会风气。加强农村法治建设，普及法律知识，提高农民的法治意识和素养，维护农村社会秩序。加强农村公共文化建设，完善农村文化设施，丰富农村文化活动，满足农民的文化需求，提升农民的文化素质。

二是乡村特色文化保护和传承。加强农村历史文化遗产的保护和利用，保护农村的历史建筑、古村落、古遗址、古墓葬等，挖掘农村的历史文化内涵，提升农村文化品位。加强农村民俗文化的保护和发展，保护农村民间艺术、民间工艺、民间信仰、民间节庆等，传承农村的民俗风情，丰富农村文化生活。加强农村地方特色文化的保护和创新，保护农村的方言、方音、方韵、方风等，创新农村的地方文化产品，展示农村的地方文化魅力。

2. 农村人居环境整治的内容

农村人居环境整治是一个多学科、多领域、多层次的综合概念，需要从多个角度进行研究分析，并从多个层面来进行规划和建设。农村人居环境整治的目标是实现农村的美丽、富裕、和谐和可持续发展，其核心是以人民为中心，以乡村振兴为导向，以美丽村庄为载体，以法规政策和当地实际为依据，以多主体为引导，以生活垃圾、污水、厕所、村貌、规划、基础设施、公共服务等为重点，以提高农村居民的幸福感和获得感为目的，打造一个符合人类理想和需求的农村人居环境。

农村人居环境是农民生产生活的重要基础，是乡村振兴和美丽中国建设的重要内容。近年来，我国农村人居环境整治取得了显著成效，但仍面临着一些突出问题和挑战，需要进一步加强治理和提升。本节拟从现阶段我国农村人居环境整治重点关注的生活垃圾和生活污水治理、农村厕所改造以及村容村貌整治四个方面，阐释农村人居环境整治的主要内容，探讨农村人居环境整治基本情况。

（1）农村生活垃圾治理

农村生活垃圾治理是农村人居环境整治工作的重要内容之一。随着生活方式的变化与生活节奏的加快，农村生活垃圾产生量不断增大。大量生活垃圾的堆积，不仅占用土地资源，而且堆积过程中产生的垃圾渗滤液进入土壤后，易造成土壤污染和地下水污染；部分生活垃圾在村庄周围沟渠、河流的集聚，对地表水资源和周边生态环境造成极大污染风险；传统的直接焚烧处理方式，易导致空气污染问题的发生。总体来看，大量的农村生活垃圾如不能得到科学有效的处理，会造成严重的环境污染，并威胁到农村居民的身体健康。

因此，必须加强农村生活垃圾的管理，实现垃圾的减量化、资源化利用和无害化处置。相关主要措施包括：一是提高农村居民的环保意识和素养，倡导节约、绿色、低碳的生活方式，减少垃圾产生量；二是建立健全农村生活垃圾分类制度，推广可降解、可回收利用的包装材料，提高垃圾的回收利用率；三是完善农村生活垃圾的收运体系，建设适合农村特点的垃圾收集点、转运站和处理设施，确保垃圾及时清运和安全处置；四是加大农村生活垃圾处置科技支撑，加大垃圾处理技术研发，探索适合农村条件的垃圾处理模式，实现生活垃圾的资源化利用和无害化处置。

（2）农村生活污水治理

农村生活污水含有大量的有机物和氮、磷等污染物，如果不经处理直接排放，会对地表水、地下水和土壤造成严重污染，破坏农村生态平衡，危及农村居民的饮水安全和身体健康。同时，农村传统房前屋后的生活污水排放方式，易造成黑臭水体问题的发生，卫生与环境问题突出。部分传统污水处理手段不符合科学环境保护要求，如部分农村地区利用渗水井处理生活污水，易导致土壤污染和地下水污染问题的发生。

因此，要加强农村污水管理，使农村居民意识到保护水环境的重要性，确保污水有人管、有去处，实现污水的净化和循环利用。主要措施包括：一是提高农村居民的节水意识和能力，推广使用节水型生活用水设备，减少污水产生量；二是建立健全农村污水收集系统，按照分散收集、就地处理、就近利用的原则，建设适合农村特点的污水管网和池塘，确保污水不外溢、不渗漏、不直排；三是完善农村污水处理系统，根据不同地区的水资源状况和经济发展水平，选择合适的污水处理技术，如人工湿地、生物膜、曝气等，达到污水排放标准；四是提高农村污水净化循环使用能力，将处理达标的净化水用于农业灌溉、园林绿化、生态修复等用途，实现污水的资源化利用。

（3）农村厕所改造

农村厕所与居民生活息息相关，厕所质量的好坏直接关系到农村居民的生活质量和健康水平。近年来，随着农村厕所革命的推进，我国农村厕所状况获得极大改观，卫生厕所普及率和改造率有明显提高。然而，部分偏远落后地区农村厕所仍然存在卫生条件差、苍蝇滋生、污染环境等问题。

因此，改善农村厕所条件仍任重道远，要加强农村厕所的建设和管理，实现厕所的无害化、无臭化和美化。相关主要措施包括：一是提高农村居民的卫生意识和习惯，倡导使用干净、安全、方便的厕所，杜绝粪污随意排放等现象；二是建立健全农村厕改建设标准和监督机制，按照农村厕改总体要求，制定适合农村实际的厕所建设规范和技术指南，加强厕改资金支持、技术指导和质量监督，确保厕改的质量和效果；三是完善农村厕所的运行维护和管理制度，进一步完善厕所清掏、维护等工作机制，及时发现和解决厕所运行问题，保证厕所后期有效使用；四是加大农村厕所的科技创新和推广力度，开展厕所改造技术研发和示范，推广节水、无害、无臭和美观的厕所，如三格化粪池、沼气化粪池、生态厕所等，实现厕所的节能环保和人性化。

（4）村容村貌整治

村容村貌是农村人居环境的直观体现，直接反映了村庄的风貌特色，以及历史文化与传统习俗。由于早先城乡二元经济结构下，农村治理相对滞后，私搭乱建、乱堆乱放、公共空间杂乱、缺乏整体规划等情况在农村地区较为突出，村容村貌整治迫在眉睫。

因此，要加强农村村容村貌建设和管理，实现村庄美化和特色化，鼓励弘扬村庄特色与传统文化。具体来说：首先，要提高农村居民的美学意识和修养，倡导遵循自然、和谐、适度的建设理念，尊重农村的自然环境和人文传统，避免盲目追求城市化和现代化，保持农村的原生态和特色。其次，建立健全农村整体规划和设计，因地制宜、因村施策，加强村庄风貌引导，突出乡土特色和地域特点，不搞千村一面，不搞大拆大建；弘扬优秀农耕文化，加强传统村落和历史文化名村名镇保护，积极推进传统村落挂牌保护，建立动态管理机制。最后，完善农村村容村貌的改造提升，根据不同地区的资源禀赋和发展潜力，选择合适的村庄改造和提升模式，如美丽乡村、特色小镇、乡村旅游等，充分发挥农村的自然、人文、产业等优势，打造具有地方特色和文化内涵的村庄景观。此外，还要加大农村村容村貌文化建设和活力培育力度。

综上，农村人居环境整治是一项关系农村发展和农民福祉的重大工程，需要从生活垃圾、生活污水、厕所和村容村貌等多方面系统规划和综合施策，推进农村人居环境的整治提升和可持续发展。

3. 农村人居环境整治的理论及路径

（1）农村人居环境整治的相关理论

一是人类聚居学理论。人类聚居学理论旨在研究人类在不同规模和类型区域内的生活环境，包括农村、乡镇、城市等。人类聚居学理论认为，人类的聚居由自然界、人、社会、建筑物和联系网络5个基本要素构成，要素间相互作用，构成了复杂的人居环境系统。该理论将人居环境分为15个层次，从个体、房间、住宅、邻里、乡镇、城市直至全球，这些层次构成了一个有机整体。人类聚居学理论的核心思想是，要从整体上理解和掌握人类聚居的发展规律，解决人类聚居中存在的具体问题，创造出适宜人类居住的人居环境。人类聚居学理论为农村人居环境整治提供了一个整体化和系统化的理论框架，有助于从宏（微）观视角分析农村人居环境的特征、问题和对策，为建设生态宜居美丽乡村提供理论指导和借鉴。

二是协同治理理论。农村人居环境整治涉及多个利益相关主体，协同治理理论揭示了这些主体之间的内在联系。该理论认为，社会是一个由多个子系统组成的复杂开放系统，这些子系统涵盖了政府、企业、社会组织、公民等不同的利益相关者。为了有效地解决公共事务，需要这些子系统之间进行协调合作，形成相互依存、共同行动、共担风险的协同关系，从而实现公共利益最大化。协同治理理论是自然科学中的协同理论和社会科学中的治理理论的交叉和融合，综合了自然科学和社会科学的方法认知，强调系统的整体性、动态性和多样性，以及协同的状态、过程和结果。协同治理理论不仅提供了一种新的思维方式和工作方法，还展示了一种新的价值追求和实践挑战。从系统的角度看待农村人居环境整治问题，对其复杂性、动态性和多样性要有清楚的认知，对开放系统下的多元化协同发展要有积极的态度和探索的精神，这是协同治理理论的理念启示。将协同治理理论运用于农村人居环境整治中，有助于增强公众环保意识和提升环保治理参与度，有助于环境政策的优化和政策效能的实现等。

三是可持续发展理论。可持续发展理论关注当代人和后代人的生存发展需求，强调在发展过程中要平衡社会、经济和生态三个维度，保证环境的可承载能力，实现发展的科学性、可持续性和规律性。可持续发展理论主张在经济发展的同时，保护自然资源，减少环境污染，提高生态效益；反对单纯追求经济利益而忽视生态与社会的协调发展。农村人居环境是农村居民生产生活的基础，也是农村经济和社会发展的重要条件。实现农村可持续发展，就要在改善农村生活环境的基础上，促进农村经济的发展，提高农民生活质量，实现村庄和村民的和谐发展。为此，在农村人居环境整治中，要遵循可持续发展原则，用理论指导实践，统筹兼顾，综合考虑社会、生态等各方面因素，制定科学的规划和措施，充分挖掘农村现有资源和优势，坚持以人为本，实现农村可持续发展。

（2）农村人居环境整治的路径

农村人居环境整治是一项系统工程，需要多方面协调和配合，构建有效治理路径。

一是规划引领,科学布局。科学规划是农村人居环境整治的前提。要按照乡村振兴战略总体要求,以县域为单位,制定全面、科学、合理的农村人居环境整治规划,明确治理的目标、任务、标准、时序、责任等,统筹考虑农村自然条件、经济水平、社会文化、生态环境等因素,合理确定治理的重点区域、重点项目、重点措施,优化治理的空间布局和资源配置,形成治理的总体框架和工作思路。

二是政策支持,资金保障。有效的政策支持是农村人居环境整治的保障。要加强顶层设计,完善农村人居环境整治的法律法规、政策措施、标准规范等,明确治理的主体、对象、范围、方式、程序等,规范治理的行为和秩序,提高治理的效率和质量。加大资金投入,建立健全农村人居环境整治的资金筹措和使用机制,充分发挥中央和地方财政的支持作用,鼓励社会资本和民间资金参与,探索多元化的融资渠道和模式,保证治理的资金需求。

三是技术创新,模式探索。科技创新是农村人居环境整治的重要手段。要加强技术研发和推广,针对农村人居环境整治的难点和痛点,开展技术创新和试验示范,研制适合农村特点和需求的治理技术和设备,提高治理的技术水平和效果。要因地制宜,分类施策,根据不同地区的自然环境、经济发展、社会文化等差异,探索适合农村条件的治理模式和方法,形成可复制可推广的治理经验和案例。

四是社会参与,共建共管。社会广泛参与是农村人居环境整治的依托力量。要充分发挥农民主体作用,尊重农民的意愿和需求,激发农民的积极性和主动性,保障农民的参与权和监督权,促进农民的共识和共治。要强化地方责任,发挥地方政府的组织和协调作用,建立健全农村人居环境整治工作机构和运行机制,明确各级各部门的职责和任务,形成治理的合力效能。要鼓励社会力量,发挥社会组织和市场主体的服务和监督作用,建立多元化的治理主体和治理网络,构建政府引导、社会协作、农民主体的农村人居环境整治新格局。

二、农村人居环境质量评价体系

农村人居环境是农民生产生活的基本空间,也是乡村振兴战略的重要内容。改善农村人居环境,需要有科学的评价体系,对农村人居环境的现状、问题和趋势进行客观、全面、系统分析,为农村人居环境的规划、建设、管理和保护提供依据和指导。

1. 农村人居环境质量评价体系构建的原因

一是有利于促进农村人居环境整治的因地制宜和分类指导。我国农村人居环境的发展水平和差异性较大,需要根据不同地区的自然条件、经济水平、社会文化等因素，结合相关评价标准和指标评价结果，制定针对性治理措施，以满足不同农村人居环境整治工作需求，避免一刀切和简单化。

二是有利于提高农村人居环境整治质量和效益。建立农村人居环境评价体系，能够对农村人居环境的各方面进行定性及定量评价，如基础设施、居住环境、公共服务、经济环境等，发现当地农村人居环境整治过程中的优势和不足，总结经验并探索改进方向及措施，提升农村人居环境整治效果，构建良好的农村生活环境。

三是有利于对农村人居环境的监督和评估。通过建立农村人居环境评价体系，可以有效监督和评估农村人居环境整治过程和效果，检验农村人居环境整治目标和任务完成情况，评价农村人居环境整治的投入和产出效益，促进农村人居环境整治的规范化和标准化。

2. 农村人居环境质量评价的原则及维度

（1）农村人居环境质量评价的原则

农村人居环境整治是"千万工程"建设和乡村振兴战略的题中应有之义，更是构建美丽乡村、实现可持续发展的基础。当前，农村人居环境整治仍面临多方面的挑战，需建立全面、系统的评价体系，客观评估农村人居环境状况，以识别出存在的问题和隐患。在开展农村人居环境评价时，需遵循以下原则：

一是科学性原则。农村人居环境整治评价需要建立在科学的基础上，采用系统、客观的方法和技术进行评价。评价指标的选择应该具备典型性和可比性，能够准确反映农村人居环境的状况和变化趋势。同时，评价的过程和结果需要经过科学验证和论证，确保评价结果的可信度和准确性。

二是综合性原则。农村人居环境是一个复杂的系统，受到多因素的影响。在进行评价时需要综合考虑各类影响因素，评价结果应全面涵盖农村人居环境各方面状况，并反映不同因素间的相互关系。

三是区域性原则。我国农村地区幅员广阔，经济、社会、自然等不同的外部条件，使得各区域农村人居环境有其自身特点，并非完全一致。因此，农村人居环境评价需遵循各地区实际情况，在充分关注区域特点的基础上，科学开展评价工作，从而为制定和调整农村人居环境整治政策提供科学依据。

四是可操作性原则。农村人居环境评价结果要具备实用性和可操作性，能够为治理实践提供有效指导和参考。评价结果应该能够识别出存在的问题和隐患，并提出针对性治理措施和建议。同时，评价结果的表达方式要简明扼要，易于理解和应用，以便各级政府和相关部门有效识别和采纳。

（2）农村人居环境质量评价的维度

农村人居环境评价是对农村人居环境全面、系统的监测和评估，以反映农村人居环境真实状况，发现问题并探寻改善措施。故在评价过程中，要综合考虑多维度状况：

一是农村卫生状况。农村卫生维度主要包括生活垃圾、生活污水、厕所卫生、村容村貌等方面。其中，生活垃圾方面主要包括垃圾处理方式，处理比例等；生活污水方面主要包括排放渠道，是否进行无害化处理，黑臭水体情况等；厕所卫生方面主要包括户内卫生厕所普及率，是否进行厕改，改厕类型与效果等；村容村貌方面主要指村庄整体卫生状况，包括村内私搭乱建、乱堆乱放等情况。

二是基础设施条件。良好的基础设施条件是开展农村人居环境整治的重要物质基础，主要包括农村厕所、生活垃圾、生活污水、村容村貌等方面的设施状况。其中，农村厕所相关设施主要包括户内厕所硬件设施、粪污抽排设备、粪污处理设施等；生活垃圾设施主要包括垃圾收集设施、垃圾转运设施、垃圾处理设施等；生活污水设施主要包括污水收集设施、污水处理设施、相关附属设施等；村容村貌方面的设施主要包括农村水系相关设施、村庄绿化设施、村庄公共照明设施、村庄公共空间相关设施、村庄保洁设施等。

三是长效管控机制建设。农村人居环境整治是一项长期工作，不仅需要现阶段治理工作的有效开展，更依赖于后续常态化、长效化管控运行制度的建设实施，主要包括政府、运行管理单位与农户等各责任主体相关制度标准的制定，监督管理机制，治理设施后续运行管控机制，市场化服务机制，治理经费保障制度等。

3. 农村人居环境质量评价体系的构建

（1）评价指标的构成

从已有研究看，学者们基于不同视角及目的，采用不同的方法和指标，对农村人居环境评价体系进行了构建。早期研究中，学者们基于人类聚居学理论，将农村人居环境评价体系分为农村基础设施、交通、通信、物质环境规划4个子系统，进而细分出 22 个指标，构建了农村人居环境评价体系，为后续相关评价分析提供了较好的研究基础（周围，2007）。在此基础上，学者们根据研究对象特点，逐步将供水安全指标、排水安全指标、水源保护指标、亲水环境建设指标和客观因素指标等进一步引入农村人居环境评价体系，丰富了评价指标体系（许敬辉，2023）。

总体来看，在评价指标的选择方面，多数研究主要从基础设施、公共服务、居住环境、经济环境等方面入手，选择了能够反映农村人居环境特征和水平的指标。但由于评价目标的差异，以及数据可获得性的限制，不同研究中具体指标的选取存在一定差异。此外，尽管上述指标类型能够较好地覆盖农村人居环境的各个方面，但也存在一些不足，如指标的数量和质量不均衡，指标的数据来源和可获取性不一致，指标的适用性和普适性有限等，在具体评价过程中需根据实际情况尽可能缓解相关问题对评价结果的影响。

（2）评价方法的运用

层次分析法（AHP）是各类评价工作中较为常见的方法，其在农村人居环境评价中也获得较多运用。张家其等（2018）采用 AHP-熵权组合法对湘西贫困地区建立了评价体系，从产业发展、生活水平、环境保护等方面对不同区、县进行了人居环境综合评价。罗航宇等（2020）采用访谈和层次分析法，从生态环境、社区治理、住宅条件和基础设施 4 个准则层共 20 个指标，对四川农村地区的人居环境情况进行了评价。偶春等（2022）采用层次分析法，引入农耕生产、自然景观等 22 个因子，通过指标权重赋值，对农村人居环境景观进行了量化评价。卢青（2022）采用层次分析法和熵值法综合赋权，从生态环境、经济发展、基础设施和公共服务 4 个方面构建评价指标体系，对湖北省农村人居环境进行了评价。

除层次分析法以外，学者们也采用了其他多种方法对农村人居环境展开大量评价工作。例如，王祺斌等（2020）采用综合指数测算法，从产业兴旺、生态宜居、乡风文明、治理有效、生活富裕 5 个方面入手，构建农村人居环境评价体系，进一步丰富了相关评价方法。温莹蕾（2021）着眼于农村人居环境与乡村旅游两个系统，构建耦合评价指标体系并展开实证评价，发现乡村旅游发展水平从滞后于农村人居环境发展水平逐步到二者曲线趋于接近，两个系统耦合度与耦合协调度的发展变化受到经济、政策等多重因素的影响。许敬辉（2023）利用因子分析法和系统聚类分析法，从农村生态环境、基础设施、公共服务、居住环境和经济环境等 5 个方面入手，构建农村人居环境评价指标体系，对我国 31 个省份的农村人居环境水平进行了评价对比。

三、农村人居环境整治的主要问题

近年来，我国政府高度重视农村人居环境整治问题，出台了一系列政策措施，治理工作取得显著成效，农村人居环境质量得到明显提升，农民居住条件和生活品质有了极大改善。然而，随着社会经济的发展和农民需求的多样化，农村人居环境整治还面临着一些困难和挑战。

1. 农村人居环境整治的困境

（1）治理资金仍存在一定缺口

农村人居环境整治涉及生活垃圾、生活污水、厕所改造、村容村貌等多个方面，治理资金需求量大。然而，目前我国农村人居环境整治资金主要依赖政府财政支出，在地方财政收入有限的情况下，难以完全满足各方面巨大的资金需求。为此，部分地方政府将有限的财政资金优先投入到见效快、回报高的项目，以致不少建设周期较长的治理项目缺乏足够的资金支持，治理效果不佳。

（2）治理技术模式有待完善

农村人居环境整治需要根据不同地区的实际情况，因地制宜、科学治理。然而，目前我国农村人居环境整治的技术模式还存在一些不足。

一是照搬城市治理技术模式，忽视了农村人居环境特点与现实需求。部分地区的农村人居环境整治，没有充分考虑农村的自然条件、经济水平、文化传统等因素，简单照搬城市人居环境整治技术模式，导致治理效果不佳，甚至造成资源浪费和环境污染。例如，在农村生活污水处理方面，部分农村地区未细化考虑自身污水排放量、污水集中度等因素，直接采用城市污水管网和污水处理厂的模式，导致出现管网建设成本高、维护难度大，污水处理厂规模过大、负荷偏小、运行效率偏低，后期运营费用大，持续运行困难等问题。

二是缺乏创新和适宜的治理技术模式，无法满足农村多样化需求。农村人居环境整治技术模式的创新性和适宜性偏低，很多时候采用了同质化、固定性的技术模式，难以适应实践过程中的多样化需求，未能发挥技术创新的治理潜力与优势。例如，在农村厕改中，部分地区未根据当地的气候条件、土壤特性、农民习惯等因素，选择适合的厕所类型，而是一味地推广水冲式厕所，存在厕改成本高、粪污清掏难、成本高，后续维护困难，农民不愿使用等问题。

2. 农村人居环境整治问题产生的根源

（1）治理主体责任不明确

农村人居环境的治理主体包括政府、企业、社会组织、农民等，各主体在农村人居环境整治中承担着不同的角色和责任，需通过有效协作，发挥合力作用。然而，我国农村人居环境整治的主体责任不明确，有待进一步完善。

一是政府的主导作用没有充分发挥，政策引导、资金支持、技术服务、监督管理等方面还不到位。部分地方政府对农村人居环境整治的重视程度不够，缺乏长远规划和目标，政策的制定和实施不够科学合理，资金的投入和使用有待完善，技术服务专业性和时效性偏低，监督的力度和效果不佳，影响了农村人居环境整治的进程和质量。

二是农民的主体作用未能充分发挥，农户参与度和满意度不高。农民是农村人居环境整治的受益者和参与者，是农村人居环境整治的主体力量。然而，部分地方政府在农村人居环境整治时，未能充分听取和尊重农民的意见和需求，未充分调动和激发农民的积极性和主动性，导致农户对农村人居环境整治的参与度和满意度不高，甚至出现了抵触和反对的情绪。

（2）治理机制不健全

农村人居环境整治需要健全的法律制度、协调机制、参与机制、监督机制等，以实现整治过程的规范化、协同化、有效化。然而，目前我国农村人居环境治理的制度和机制还存在一定不足。

一是顶层制度设计有待完善，相关制度约束力不强。我国关于农村人居环境整治的相关法规制度分散在多部法律中，且多为附带性规定，缺乏针对性和系统性。同时，部分规定的内容不够具体，操作性偏弱，难以对违法行为进行有效的惩罚和制裁，导致农村人居环境整治相关法规制度的约束力不强，影响治理效果。

二是协调机制不完善，协调效果不佳。农村人居环境整治涉及多部门、多层级、多领域，需建立有效的协调机制，实现各方的沟通、协商、决策与配合。然而，部分地方政府在农村人居环境整治过程中，未建立长效协调机制，主要采用分段管理、分散负责的方式，导致各部门之间缺乏有效的信息共享、资源整合、责任分担，存在重复建设、交叉管理、监管空白等问题，影响农村人居环境整治的效率和效果。

三是参与机制不完善，参与程度不高。农村人居环境整治需要广泛动员和吸收各方力量参与，实现政府、企业、社会组织和农民等的共参共治。然而，部分地区在农村人居环境整治过程中，缺乏有效的参与激励机制，主要依赖政府主导实施治理，农民对农村人居环境整治认识不足，出现了农户参与意愿不强，参与渠道有限和被动参与等问题。

四是监督机制不完善，监督力度不够。农村人居环境整治需要建立有效的监督机制，实现对农村人居环境整治的全过程、全方位监督，保证治理的规范性和可持续。然而，部分地区没有建立完善的监督机制，形式主义、走过场导致对农村人居环境整治过程及后续效果的监督不够及时、不够专业、不够严格，出现了治理质量不高、治理效果不稳、治理问题反弹等现象。

四、农村人居环境整治的影响因素

改善农村人居环境，不仅关系到农村居民的健康和福祉，也关系到农业生产的效率和质量，以及农村生态环境的保护和恢复。对于农村人居环境整治的影响因素，学者们基于不同视角从多方面提出了不同见解，根据已有研究经验，本章旨在总结现有研究关于农村人居环境整治主要影响因素的看法，为进一步完善农村人居环境整治的政策和机制提供参考。

1. 整治主体方面的因素

农村人居环境整治是一项涉及多方利益、多层次参与、多维度协调的复杂系统工程，其效果不仅取决于外部条件，如政策支持、资金投入、技术供给等，还受到治理主体农民和村级组织等的影响。农民是良好农村人居环境的直接受益者，是农村人居环境整治的主体力量，农民的个体特征情况，对农村人居环境整治的过程和结果具有重要影响。

（1）农民的文化水平

文化水平是衡量农民受教育程度、知识水平和文化素养的综合指标，反映了农民获取、处理和运用信息的能力，也影响了农民价值观和行为准则的形成。文化水平的高低，不仅决定了农民对农村人居环境整治的认知水平，还直接影响了农民对农村人居环境整治的态度和行为。文化水平较高的农民，更能深刻认识到农村人居环境整治的重要性、必要性和紧迫性，更清晰理解农村人居环境整治的目标、内容和方法，从而更愿意支持和配合治理的实施。相反，文化水平较低的农民，对农村人居环境整治的认知水平较低，对农村人居环境整治的态度较消极，甚至可能产生抵触和反对的情绪。

目前，我国农村居民的文化水平总体呈上升趋势，但相较城市居民仍存在一定差距。究其缘由，一是农村教育资源的不足和不均衡，导致农村居民的受教育水平和质量相对不高；二是农村信息渠道的不畅和不全，导致农村居民的知识获取和更新速度相对较慢；三是老龄化农民文化水平普遍偏低，且在农村总人口中占比较大；四是受教育水平相对较高的年轻村民大量向城市迁移。总体看，有必要通过教育等手段，帮助农村居民了解人居环境整治的重要作用，提高共识避免反向抵触，推进农村人居环境整治有效开展。

（2）农民的环保认识

环保认识是指农民对人居环境的影响和危害有清晰和深入的认识和理解，是农民形成环境卫生意识和环境行为规范的基础和前提。环保认识的高低，直接影响着农民对农村人居环境整治的态度和行为。环保认识高的农民，更能强烈地感受到农村人居环境整治的需求和意义，从而主动寻求改善自身生活环境，参与公共环境建设和管理。反之，环保认识低的农民，对农村人居环境整治的动力和支持程度较弱，对农村人居环境整治反应较消极，很多时候可能忽视自身的生活环境，甚至基于个人利益破坏公共环境。

我国农村居民的环保认识仍然有待提高，主要原因如下：一是生活和生产方式的惯性和固化，使得多数农村居民对人居环境的影响和危害认识仍停留在表面，缺乏系统和全面的认识；二是由于农村居民的利益诉求和价值取向多元复杂，对人居环境整治的必要性和紧迫性的认同仍然不够强烈和广泛，存在着一定的抵触和冲突。为此，有必要通过提高环保认识，激发农户参与人居环境整治的动力，促进农村人居环境整治高效顺利开展。

综上，农民的主体因素对农村人居环境整治具有重要影响。在尊重农民人居环境整治主体地位的基础上，有必要通过加强宣传教育、提高政策激励、完善制度安排、建立长效机制等措施，提高农民的文化水平和环保认识，引导农民积极参与整治工作，真正成为农村人居环境整治的主力军和受益者。

2. 道德规范方面的因素

道德规范因素是人们在社会生活中形成的关于环境保护的社会认同与规范，具有群体性氛围，这种氛围会影响每个农村居民的思想和行为，进而推动或制约农村人居环境整治效果，道德规范是农户开展人居环境整治的内在动力。

（1）村规民约等行为规范

村规民约是在乡村生活中逐渐形成并被村民普遍认可的共同约定或习俗。良好的乡风民俗，直接影响着农村人居环境整治的效果，是"软环境"治理的重要组成部分。村规民约等行为规范往往不是硬性制度，而是通过人情、面子、舆论压力与感情交流等方式，潜移默化地影响农户思想与行为的准则。村规民约对农村人居环境整治的影响主要体现在以下几个方面：一是反映村民的真实诉求与意愿，有助于增强村民对人居环境整治的理解和支持，提高村民对治理工作的满意度和认同度；二是调节村民的利益和关系，解决村民在人居环境整治中的矛盾和纠纷，协调村民在人居环境整治中的权益和责任；三是弘扬村庄的文化和传统，培育村民的环境美德和习惯，塑造村庄的环境形象和良好风貌。

随着现代社会的快速发展，传统乡风民俗下的村规民约的作用受到一定抑制和影响。一方面，由于农村社会的变迁和人口流动，农村原有相对固定的人群构成逐渐出现变化和重组，一些传统的村规民约逐渐失效或消失，新的村规民约缺乏内在传统与感情文化的积淀而难以形成或实施，村规民约的作用日渐式微。另一方面，农村人居环境整治方面村规民约的地位和作用没有得到充分尊重和支持，部分村民的利益诉求和环境治理方面的村规民约存在冲突，部分村规民约的公允力受到质疑，即便有一些村规民约，也难以发挥作用或被忽视。

（2）群体认同和融入

群体认同和融入是指农村居民对所属村庄的归属感、认同感和参与感。群体认同和融入的程度，直接影响着农村居民对人居环境整治的信任和支持程度，农户对村集体的认同度越高，就越会关注村庄的发展，越积极参与农村环境治理等村集体行动（唐林 等，2019）。

在当今社会，我国农村居民的群体认同和融入面临着一定挑战，其主要原因如下：一是由于农村居民的外出务工、迁移定居和社会分化等，导致部分村民对村庄的依赖和感情逐渐减弱，对村庄的发展和管理缺乏兴趣和参与；二是由于农村居民的利益诉求、文化认同和社会关系等方面随着时代的发展不断发生变化，呈现出多元化和复杂化的状态，农村居民对村庄的认同和融入也面临着困难和挑战。

综上，道德规范方面的因素是农村人居环境整治的内在动力，也是农村人居环境整治的难点所在。为此，有必要通过倡导良好乡风民俗、制定公共文明公约、开展模范庭院评选等多种方式，构建保护环境维护村庄良好卫生面貌的村规民约；通过挖掘村庄文化传统、利用好节日民俗等方式增进村民间感情交流，提升村民对村庄的认同，融入村庄共同治理，有效推进农村人居环境整治顺利开展。

3. 政策制度方面的因素

政策制度方面的因素是指农村人居环境整治中涉及的政策、法律、规章制度等，是农村人居环境整治的制度保障。政策制度的制定和执行，直接影响着农村人居环境整治的效率和效果。

（1）人居环境整治相关法律法规

农村人居环境整治中涉及的法律、法规、规章和标准等，是农村人居环境整治的重要法律依据，构成了对治理相关内容的重要约束。法律法规的约束作用主要体现在以下几个方面：一是规定了权利、义务和责任等关系，明确了农村人居环境整治的主体和对象，维护农村人居环境整治的公平和正义；二是制定相关程序、方法和措施等规则，指导农村人居环境整治的实施和运行，保障农村人居环境整治顺畅有序；三是设定奖惩、纠纷和救济等机制，监督农村人居环境整治的执行，解决农村人居环境整治的问题和困难。

目前，我国农村人居环境整治方面的法律法规存在一定滞后。一是农村人居环境整治相关法律法规不够完善和细化，对一些具体问题和情况没有明确的规定和指导，导致治理实践的操作空间和依据不足；二是农村人居环境整治的相关法律法规对一些新的问题和情况没有及时更新和调整，导致部分整治工作受到限制。因此，要进一步完善农村人居环境整治相关法律法规，为农村人居环境整治的合法性和合理性提供重要保障。

（2）人居环境整治的政策支持

国家和地方政府对农村人居环境整治的指导、扶持和激励等措施，是农村人居环境整治的重要推动力与保障，直接影响着治理的目标和效果。政策支持对农村人居环境整治的影响主要体现在以下几个方面：一是保障资金、技术和人力等资源的合理分配，降低农村人居环境整治难度，提升农村人居环境整治的投入和产出效率；二是详尽的目标、计划和标准等，有利于明确农村人居环境整治的方向和范围，规范农村人居环境整治过程和结果；三是相应的奖励、惩罚和监督等措施，能够激发农村人居环境整治的积极性和主动性，保证农村人居环境整治的质量和效果。

综上，政策制度是农村人居环境整治的重要外在保障，直接影响着农村人居环境整治的效率和效果。为此，有必要进一步完善农村人居环境整治的法律法规，加强和完善农村人居环境整治的政策支持，例如，创新相关整治设施用地、用水、用电、税收减免以及整治项目审批制度等；开展地方立法，健全农村人居环境整治管理制度，以及相关建设标准、监管制度等；保障农村人居环境整治项目及相关工作有序开展。

4. 经济基础方面的因素

经济因素是农村人居环境整治中涉及的成本收益或投入产出等经济要素，是农村人居环境整治的重要物质条件。经济要素的合理配置与利用，直接影响农村人居环境整治能否有效开展及可持续性问题。

（1）农村人居环境整治资金投入

农村人居环境整治需要持续稳定的资金投入。近年来，我国农村人居环境整治资金投入不断增长，但在资金结构与使用等方面仍有待进一步完善。一是农村人居环境整治的资金来源过于单一，主要依靠政府财政拨款和补贴，缺乏多元化的资金渠道和机制，存在一定的资金供给不足和不及时情况，地方财政压力较大。二是农村人居环境整治资金规模相对有限，无法满足治理中的多样化需求，资金使用有待进一步优化。为此，有必要鼓励和引导社会资本参与农村人居环境整治，广辟资金来源渠道，保障治理资金的稳定持续增长，不断优化资金使用机制，推动农村人居环境整治有序开展。

（2）农村人居环境整治经济效益

良好的经济效益有助于吸引更多农户与工商企业等进入农村人居环境整治领域，通过市场化运行保障农村人居环境整治后续稳定高效运行。然而，在将美丽乡村环境转换为经济效益的过程中仍存在较大挑战。首先，农村人居环境整治存在成本支出较高、效果体现较慢、收益较难量化等问题，人居环境整治的经济效益不够明显和直接。其次，由于农村人居环境整治的经济效益较难度量，大多是以环境卫生指标的改善予以反映，导致整治参与主体往往难以量化参与整治后的投入产出效益，很大程度上抑制了社会资本参与农村人居环境整治的积极性。因此，在探索美丽乡村经济效益实现路径的基础上，应有效构建农村人居环境整治市场化运作模式，通过良好的经济效益吸引更多力量参与乡村环境治理，实现农村人居环境整治的持续稳定推进。

综上所述，经济因素是农村人居环境整治的重要物质条件，对农村人居环境整治具有重要影响。有必要进一步完善地方为主、中央适当奖补的政府投入机制，探索利用地方政府债券、土地出让收入等方式保障治理资金投入，通过政府与社会资本合作投资、金融机构信贷支持等手段，切实加大农村人居环境整治资金供给力度，保障和促进农村人居环境各项整治工作顺利开展。

第五章 农村环境治理的政策法规

一、农村环境治理政策法规的基本原理

农村环境治理政策法规的制定与实施，源于对农村环境问题深远影响的深刻理解与认知。在这一背景下，相关政策法规在各类理论指导的基础上逐渐完善，为美丽乡村综合整治、城乡一体化统筹治理（毛渲，王芳，2022）、社会支持下的村民自治生态环境治理（李潇，2020）、农村生态环境治理共同体等治理实践（鞠昌华，张慧，2019）提供了有效的制度保障，从而全面保护农村环境，促进农村经济社会的可持续发展。在这一政策法规体系中，解决农村环境问题、改善农村环境质量被视为核心目标。为实现这一目标，各类政策法规通过规范和引导农村生产生活行为，优化农村资源配置，提高农村环境管理水平，在改善农村环境的同时，促进了农村经济社会的持续发展。农村环境治理方面的政策法规是农村环境保护和可持续发展的重要法律依据，为实现农村经济社会的可持续发展奠定了坚实基础。

1. 农村环境治理政策法规的基本逻辑

（1）以人为本，坚定信念

农村环境治理的政策法规应始终坚持以人为本的理念，充分考虑广大人民对良好环境的需求。农村环境治理不应局限于解决当前的环境问题，更要满足广大人民群众对于高质量生活的渴望和追求。应当重视和保护人民的环境权利，确保人们可获得干净的水资源、新鲜的空气、土地以及良好的生活环境，这不只是为了确保人民的健康，也是尊重他们应当享受的生活质量。为了达到这个目的，必须拟定严格的政策法规，并确保得到恰当的执行。在拟定农村环境管理的政策和法规时，有必要进行深入调查研究，以全面了解地方环境现状和民众的真实需求，从而制订出真正切合实际情况且具有可行性的政策和法规。此外，还需进一步强化宣传和教育活动，提升广大人民群众的环保意识和参与度，坚定环境治理信念，吸引全社会共同努力，打造更加宜居宜业的美丽乡村。

（2）统筹兼顾，综合实施

农村环境治理是新农村建设中的关键环节，直接关系到农民的生存环境与生活品质，对农村经济与社会发展具有深刻影响。为了全面提高农村环境治理

水平，各国政府纷纷出台了一系列政策法规，旨在统筹兼顾，综合施策，实现农村环境的持续改善。在相关政策法规制定过程中，要对各类情况进行调查分析，以保证农村环境治理工作的全面性。具体而言，在管理方式上，通过目标任务分解、考核评估和监督问责等方式，保证治理工作得到有效实施；在经济上，通过财政投入、补贴和税收优惠等方式，调动各方参与公共管理的积极性；在法律上，通过制定法律、实施监督和司法保障等措施，保障乡村环境管理的有序进行；在技术上，通过科技创新、科技推广、人才培养等措施，促进乡村环境治理科技进步。此外，地方政府要承担起农村环境治理的领导责任，制定和实施具体政策措施，确保治理工作的顺利进行，农民要发挥好治理的主体作用，各级政府、企事业单位和广大农民群众共同努力，全面落实政策法规，为建设美丽乡村、实现乡村振兴贡献力量。

（3）突出重点，分类治理

结合各区域农村环境特点，制定相关政策和法律法规时，须明确环境问题治理的优先次序，实行分类治理。首先，农村环境问题情况复杂，涉及种植业污染、畜禽粪便污染、水质污染、生活垃圾污染以及工业转移污染等，必须根据不同区域的环境问题特征，明晰治理重点领域，依托治理标准与规范明确治理工作导向，保证治理效果。其次，"分类管理"是农村环境治理的重要手段，要根据水体污染、土壤污染和空气污染等不同环境问题，分类施策，科学治理。此外，在农村环境治理政策法规执行过程中，应强调精细化管理，确保治理工作的高效性与准确性。通过明确治理重点、分类制定治理措施以及强化实施流程，切实解决农村环境问题，推动农村地区的生态文明建设与可持续发展。

（4）公众参与，共建共享

农村环境治理必须坚定不移地遵循"公众参与，共建共享"的基本原则，这一原则不仅是农村环境治理工作的灵魂，也是保障农民群众根本利益的重要基石。在制定和执行农村环境治理各项政策法规过程中，必须始终将农民的利益放在首位，充分尊重和保障他们的主体地位，让农民能够真正参与到环境治理中来。在此基础上，协调各方利益，充分发挥乡镇企业、农民、合作组织等社会公众在农村生态环境治理中的积极作用，以实现生态环境治理效益最大化（李小静，2017）。具体来讲，政府要加大对农村环境治理的投入力度，制定更加科学、合理的政策法规，并强化监管和考核，确保政策法规得到有效落实；企业要承担起社会责任，遵循环保法规，加强自律，转变发展模式，实现绿色发展；农民作为农村环境治理的主体，需要提高环保意识，积极参与到环境治理中来，共同建设美丽乡村；社会团体要发挥舆论引导和监督作用，推动农村环境治理工作的开展。

（5）持续改进，动态调整

为了确保农村环境的持续改善，相关政策法规必须遵循持续改进和动态调整的原则，以不断适应治理新情况。这意味着，随着农村环境治理工作的不断推进，政策法规也需要不断地更新和完善。农村环境治理政策法规的持续改进和动态调整，需要建立在科学的基础之上，这包括对农村环境治理工作的实际进展进行定期评估，总结经验教训，发现问题并及时解决。此外，还需要加强科学研究，探索更加有效的治理技术和方法，为政策法规的制定和调整提供科学依据。农村环境治理政策法规的持续改进和动态调整，还需要广大农民和社会群体的积极参与和支持，为政策调整献言献策，使政策的优化与完善更加贴近农村环境治理实际情况。

综上所述，农村环境治理政策法规遵循以人为本，坚定信念；统筹兼顾，综合施策；突出重点，分类治理；公众参与，共建共享；持续改进，动态调整的基本逻辑，这些逻辑相互关联，共同构成了农村环境治理政策法规的体系框架，为农村环境治理工作提供了有力的制度保障。

2. 农村环境治理政策法规的理论基础

（1）生态文明理论

生态文明理论强调了人类与自然之间的和谐共生关系。这一理论倡导绿色、低碳、循环的发展模式，旨在引导人们树立绿色环保意识，尊重自然规律，实现人与自然之间的平衡与协调。生态文明理论为农村环境治理工作提供了重要的理论指导，有助于明晰治理工作方向。在实践中，我国政府围绕生态文明理论，制定了一系列农村环境治理政策法规。例如，1999年国家环境保护总局发布的《关于加强农村生态环境保护工作的若干意见》，明确规定了农村生态环境保护的目标、原则、责任和措施，旨在加强农村生态环境的保护和改善，保障农村居民生态环境权益；《农村生活垃圾收运和处理技术标准》规范了农村生活垃圾分类、收集、运输和处理程序，以逐步实现农村生活垃圾减量化、资源化和无害化目标，推动了农村人居环境改善。通过相关政策法规的实施，我国农村环境治理工作取得显著成效，农村生态环境得到有效保护和明显改善。

（2）可持续发展理论

可持续发展理论是指在满足当代人各种需求的同时，保证自然资源的合理利用，保护生态环境，使发展具有持久性，确保未来人们依然能够获得良好的生态环境与生活环境。这一理论涵盖了经济、社会、环境等多个领域，强调发展的全面性和协调性。该理论具有公平性、持续性、综合性和参与性特征，为农村环境治理提供了时间维度上的指导，强调在发展经济的同时，保护农村生态环境，确保农村居民的生存和发展权益。例如，我国政府在《乡村振兴战略规划（2018—2022 年）》中明确提出，要坚决打好污染防治攻坚战，加强农村生态环境保护和治理，确保农村生态环境质量持续改善，推进农村可持续发展；规划涉及土壤污染防治、水资源保护、农业面源污染防治、农村生活垃圾处理等多个方面。2018 年，我国发布了关于农村人居环境的专项政策《农村人居环境整治三年行动方案》，该方案旨在改善农村人居环境，提高农村居民生活水平，明确了农村人居环境整治的重点任务，包括农村生活垃圾处理、农村污水治理、农村厕所革命、农村道路硬化等。2021 年发布的《农村人居环境整治提升五年行动方案（2021—2025 年）》进一步提出，要健全农村人居环境长效管护机制，明确地方政府和职能部门、运行管理单位的责任，基本建立有制度、有标准、有队伍、有经费、有监督的村庄人居环境长效管护机制。上述政策法规体现了可持续发展理论在农村环境治理领域的应用，旨在保障农村经济与生态环境保护的协调发展。通过相关政策的实施，我国农村环境治理不断取得新成效，为实现农村可持续发展奠定了坚实基础。

（3）公共政策理论

公共政策理论提出，公共政策通常是指政府决策开展或不开展某项活动。一项优秀的政策是能够确保实现社会效益最大化的政策，而政策往往是群体利益的协调平衡，是竞争状态下的理性选择。显然，农村环境治理具有公共政策的属性。如何保护农村环境，采用何种保护方式与水平，都是政府根据农村现实与发展需要做出的公共政策选择。农村环境治理公共政策有多种外在表现模式，例如，当农村环境治理公共政策作为法律法规出现时，其能够以硬性规则的形式约束污染主体或相关治理主体的行为；当农村环境治理公共政策以规划、方案、措施等形式出现时，则需要立法、司法与行政等机构依据各自权力将环境治理公共政策转化为具体的实施举措。从世界范围看，农村环境治理是多数国家根据自身发展需求而实施的一项公共政策，尽管各国开展农村环境治理的时间轨迹不尽一致，但实施动机却基本相同，即通过良好自然环境与人居环境的构建，推进农业农村的可持续发展，从而进一步实现整个社会现代化转型与持续发展。

（4）环境保护经济学理论

环境保护经济学作为新兴的经济学分支，主要研究环境资源的价值、环境与经济发展的关系，以及环境保护政策的制定和实施。该理论认为，环境资源具有价值，不仅包括直接使用价值，如水资源价值、矿产资源价值等，还包括间接使用价值，如生态服务价值、气候调节价值等。在经济发展过程中，合理利用和保护环境资源，有助于实现经济效益和社会效益的统一，促进人与自然和谐共生。环境保护经济学强调，环境资源的价值体现在多个方面。首先，环境资源具有生产要素价值，如土地、劳动力、资本等，是支撑社会经济发展的基础；其次，环境资源具有消费价值，如清洁的空气、水资源等，对人类生活质量具有重要作用；最后，环境资源还具有生态价值，如森林、湿地等，对维持生态平衡和生物多样性具有不可替代的作用。总体来看，环境保护经济学认为，环境保护与经济社会效益是相统一的。我国已积极探索了环境经济学的这一理念，例如，《关于深化生态保护补偿制度改革的意见》对生态保护补偿制度进行了全局谋划和系统设计，提出要健全综合补偿制度，建设以受益者付费原则为基础的市场化、多元化补偿机制；绿色发展政策鼓励农村地区发展绿色产业，推动绿色经济发展，减少对自然资源的消耗和生态环境的破坏。类似政策遵循了环境保护经济学理论的基本理念，在促进农村环境保护和改善的同时，推动了农村经济社会的可持续发展。

（5）社会参与理论

社会参与理论主张农村环境治理不仅需要政府、企业的参与，更要广泛动员农民群众等的积极加入，形成政府、企业、农民和各类组织共同参与的环境保护大格局。社会参与理论认为，社会各方力量共同参与农村环境治理，发挥各自优势，有助于形成合力效应。其中，政府要发挥组织协调作用，制定合理的政策，引导企业履行社会责任；企业要严格遵守环保法规，加大技术研发投入，降低污染物排放；农民要积极参与环保活动，提高环保意识，自觉维护农村生态环境（金书秦，韩冬梅，2020）。社会参与理论提倡建立健全激励机制，鼓励各方主体积极参与农村环境治理；尤其有必要通过政策扶持、资金补助、技术指导等方式，激发农民参与环保的积极性，使他们从单纯的参与者变为环境保护的自觉实践者。

3. 农村环境治理政策法规的作用

（1）引导和规范农村环境保护行为

政策法规在农村环境治理中发挥着至关重要的作用，为农村环境治理提供了明确的方向和目标，引导各级政府、企业和农民群众积极参与农村环境治理工作，是各相关主体在环境治理工作中的行动准则。具体来看，一是政策法规明确了农村环境治理的重点领域和优先方向，使各级政府和企业能够在农村环境治理工作中有的放矢。二是政策法规对农村生产、生活和建设活动进行了严格规范，这有助于防止和减少农村环境污染，保护农村生态环境，为农民群众提供宜居的生活环境；通过法规约束，各类农村生产活动要在符合环保要求的前提下进行，确保农村环境治理工作有序进行。三是政策法规强调了各级政府、企业和农民在农村环境治理中的责任。四是政策法规为农村环境治理工作提供了法治保障。通过严格执法和监管，确保农村环境治理工作的顺利进行，为实现农村环境质量的持续改善提供有力支持。

（2）保障农村环境治理资金和技术支持

农村环境治理工作的有效开展离不开充足的资金投入和良好的技术支持。农村环境治理政策法规能够从顶层设计角度，通过财政投入等手段确保治理工作得到充足的资金支持，并明确农村环境治理的资金来源和分配机制，为治理工作提供有力的经济保障。首先，在资金来源方面，政策法规一般规定了各级政府、企事业单位和民间资本应承担的农村环境治理经费。这包括中央和地方财政预算安排的农村环境保护专项资金，以及企事业单位和民间资本投入的农村环境治理项目资金，通过多渠道筹集资金，为农村环境治理工作的实施提供保障。其次，在资金分配机制方面，政策法规提出了明确的分配原则和程序。根据各地农村环境治理任务的轻重缓急，以及治理项目的实际需求，合理分配资金；同时，政策法规还强调，资金使用应注重绩效管理，确保治理项目取得实际成效。

通过科技创新政策与税收、补贴等经济政策结合，有助于鼓励和推动环保科技创新，推广适用于农村环境治理的技术和模式，包括环保科技成果的转化应用，先进环境治理技术、工艺和设备的推广普及等。依托科技创新，提高农村环境治理成效，实现农村环境治理效果的持续改善。

（3）加大农村环境治理监管和执法力度

为确保治理工作效果，各国政府普遍重视农村环境治理过程中的监管与执法建设，通过设立相关政策法规，从源头减少污染问题的发生。首先，政策法规明晰了环境监管与执法工作范畴。政策法规明确规定了执法部门的职责和权限，为农村环境执法提供了有力的法律依据，通过对环境污染行为进行严厉打击，对违反环境保护法规的企业和个人进行严厉查处，能够减少污染问题的出现，提高环境治理效果。其次，对违法行为进行查处和处罚，能够形成强烈的震慑作用。这种震慑作用不仅使违法者付出代价，更起到了警示和教育的目的，让广大民众认识到环境保护的重要性，在日常生产和生活中自觉遵守环境保护法规，进一步降低污染问题发生的可能性。最后，监管执法力度的加强，有助于完善农村环境治理体系。在执法过程中，相关部门能够不断总结经验，完善执法程序，按照精简、效能的要求设置科学合理的行政综合执法体制机制，通过综合执法、联合执法、协作执法的组织指挥和统筹协调，设置科学合理的协作机制，优化行政权力配置，提高整体执法效率，服务于农村环境治理总体工作。

（4）提高农村居民环保意识和参与度

农村居民是农村环境治理的直接受益人，更应是农村环境治理的主体力量。为提高农村居民的环保意识和参与度，各国政府普遍在政策法规层面强调了开展环境保护教育工作的重要性。例如，我国政府高度重视农村环境治理宣传教育工作，旨在通过宣传和教育，提高广大农民群众的环保意识，引导他们树立绿色生产生活观念。在具体工作中，通过网络、报纸、电视等多种媒介及形式，将政策法规的宣传和教育深入到每一个农村家庭，使农民充分认识到环境保护的重要性，农民的环境认知和环保意识得到明显提高。相关政策法规还鼓励农民积极参与农村环境治理，明确提出农民是农村环境治理的主体，应发挥主体作用，共同建设美丽乡村。农民的这种参与不仅体现在环境治理的实践中，还体现在相关政策措施的制定和执行过程里，农民的意见和建议得到了充分的尊重和采纳，这使得农村环境治理工作更加贴近实际，更具针对性，环境治理效率得到进一步提高。

（5）促进农村生态环境保护和可持续发展

保护农村地区良好的自然生态环境与生产生活环境是农村环境治理政策的核心目标。为实现这一目标，各国环境政策普遍倡导了农业农村的绿色发展理念，旨在推动农村产业结构的优化调整和资源利用方式的改变。在农村环境治理政策法规实施过程中，我国政府高度重视农村生态环境的可持续发展，强调在发展经济的同时，要保护好环境，确保农村环境治理的成果能够长期稳定。这就需要从源头上杜绝污染，优化农业产业结构，改变传统的资源利用方式，推广绿色农业和生态农业。为了实现这一目标，我国政府出台了一系列政策措施。例如，加大农业科技投入，推广绿色农业生产技术，降低农业生产过程中的污染物排放；加强对农村工业企业的监管，要求企业严格执行环保法规，治理工业废水排放；加强农村环境监测和污染源治理，提高农村环境的自净能力。农村环境治理政策法规的实施，不仅有助于改善农村生态环境，提高农民生活质量，也有利于推动农业农村的可持续发展。

二、国外农村环境治理的政策法规

随着全球环境问题的日益突出，农村地区的环境治理问题已逐渐成为世界各国关注的焦点。国外在农村环境治理方面已积累了较丰富的经验和科学做法，文中以美国、欧盟、日本等国家为例，拟从法规体系、政策特点及典型项目方面展开具体探讨，以期为我国农村环境治理提供有益借鉴，推动农村环境治理工作的进一步优化与完善。

1. 美国农村环境治理政策法规

（1）政策法规体系

美国农村环境治理的法规体系主要建立在联邦和州两个层面的法律基础上。这种双层法规体系旨在确保环境保护政策的全面实施，同时也充分兼顾了各地区的实际情况。

首先，在美国联邦层面，其环境保护法律主要包括《清洁空气法》《水土保持法》《土壤侵蚀法》等，这些法律为农村环境治理提供了基本的法律依据和行为规范，旨在保障农村环境的可持续发展，确保农村居民享有健康的生活环境。

以《清洁空气法》为例，该法案设定了空气质量标准，并要求各级政府采取有效措施减少空气污染。这一举措的目标在于确保农村地区的空气质量达到优良水平，让农村居民呼吸到干净、健康的空气。为了实现这一目标，各级政府强化污染源监管，加大对违法排污行为的处罚力度，同时鼓励绿色出行和节能减排，从而降低空气污染程度。《水土保持法》明确要求，要持续评价美国水土资源和其他有关资源状况，定期完善和更新有关保持、保护和提高水土资源和其他有关资源质量的计划和方案，并对国会和公众报告上述两方面情况。《土壤侵蚀法》授权美国农业部为保护土壤而对农业生产者予以经济援助，规定经济援助的数额是根据农业生产者在其土地上进行保护土壤和防治农业污染活动的情况决定，且这种经济援助必须以采纳农业部认定的有利于保护土壤的耕作方式为前提。总体而言，美国联邦政府通过多项环境保护法律，对农村环境治理提出了具体要求。并为农村环境保护提供了有力的法律依据，有助于改善农村生态环境，保障农村居民的生活质量和健康。

其次，在美国州级层面，各州根据自身所处的地理环境、自然资源、经济发展水平等实际情况，制定出相应的环境保护法律。这种因地制宜的立法方式，使得环境保护法律更具针对性和有效性，有利于环境保护工作的推进和实施。

以加利福尼亚州为例，该州拥有丰富的农业资源和大片农村地区。为了保护好这些宝贵的自然资源，该州制定了一系列具有针对性的农业环境保护法律。例如，加利福尼亚州农业环境保护政策充分考虑了该州特有的农业环境和农村地区情况，旨在强化对农业环境保护的针对性和有效性。同时，该州还明确规定了农业生产经营主体在保护农业环境方面的责任和义务，要求农业生产者采取措施防止土壤侵蚀、水资源污染、生物多样性丧失等问题。此外，相关法律还为农业环境保护项目提供了资金支持和税收优惠政策，以鼓励农民积极参与农业环境保护工作。在实施过程中，州政府还设立了专门的农业环境保护机构，负责监督和指导农业生产者履行法律义务。这些机构通过开展宣传教育、技术培训、执法检查等活动，确保农村环境治理工作在州际范围内得到落实。通过一系列的立法和执法措施，加利福尼亚州在农业环境保护方面取得了显著的成效。

最后，从美国联邦层面与州级层面的环境治理关系来看，美国联邦与各州在环境保护方面开展了广泛的协调与合作，把确保环境保护政策有效衔接作为核心目标，各级政府部门在农村环境治理方面加强沟通与协作，共同解决突出性问题，努力为民众创造一个宜居环境。

在政策制定层面，美国联邦政府与各州政府紧密合作，共同制定一系列环境保护政策。这些政策旨在确保各级政府在环境保护工作中有明确的指导方针，同时为农村地区环境治理提供支持。在此基础上，各州政府根据实际情况，适时调整和完善相关法规，以适应环境保护工作需要。在政策执行过程中，各级政府部门加强协同，共同推进环境保护项目的实施，这包括对农村地区环境污染源的治理、生态修复工程的实施、可再生能源的开发与利用等方面。通过这些项目的实施，美国农村地区的环境质量得到显著改善，民众的生活水平也得到提高。在环境保护政策的评估与监督方面，各级政府也保持密切沟通与协作，他们共同建立了一套完善的环保政策评估体系，对政策实施效果进行监测和评估，以便及时发现问题并采取针对性措施。这种评估与监督机制有助于确保环境保护政策的有效性和针对性，为美国农村环境治理提供了有力保障。

（2）政策法规特点

一是分散管理。美国农村环境治理实行的是一种联邦、州和地方三级分散管理模式。这种管理模式赋予各级政府相对独立的权力和责任，使得他们在农村环境治理工作中能够各司其职，又相互协作。在此基础上，各级政府可以根据本地区实际情况制定针对性的政策措施，确保农村环境治理的针对性和有效性。

二是充分运用市场机制。美国在农村环境治理中注重运用市场机制，通过市场化手段，激发企业自主治理污染的积极性，这些市场手段在提高环境治理效果的同时，也促进了绿色经济的发展。政府通过制定政策，为市场机制的运行提供了明确的规则和导向；而市场则以其强大的资源配置能力，确保了这些政策的高效执行。以保护储备项目为例，其以竞标方式选择项目参与者。农场主提交可能采取的保护性措施以及愿意接受的支付补偿，农场服务局则根据环境收益指数对农场主采取保护性措施所获得的潜在环境收益和支付补偿成本打分；农场主可以采取更好的保护性措施来提高潜在环境收益得分，或者降低愿意接受的支付补偿水平以入选该项目。

三是注重生态保护与农业生产的平衡。美国农村环境治理政策致力于在生态保护与农业生产之间找到平衡点，强调农业的可持续发展。政策明确规定了农业生产过程中的环境保护措施，这些措施涵盖了农业生产的全过程，包括化肥、农药的合理使用，土壤、水源的保护等，以降低农业生产对环境的负面影响，同时提高农业生产的效益。

四是注重农业技术的创新和推广。美国政府通过资金支持、税收优惠等手段，鼓励农业科研机构和农业生产者研发和推广环保、高效的农业生产技术。

以提高农业生产效益，同时减轻对环境的压力。

（3）典型项目

在美国的农村环境治理项目中，"农业环保计划"（Conservation Reserve Program，简称 CRP）具有一定的代表性。该项目由美国农业部主要负责实施，其核心目标是通过租赁农田、湿地等生态环境敏感区域，实施积极的保护措施，从而达到维护和改善农业生态环境，提高生态服务功能的目的。

CRP 的实施方式具有多重性。美国农业部通过租赁农田、湿地等生态环境敏感区域，使得这些区域得到休养生息，生态环境得到有效保护。同时，租赁费用作为一种经济激励，能够促使农民主动参与环保行动，转变传统的农业生产方式，采用更加环保的种植技术和耕作方法。同时，项目还提供技术支持和培训，帮助农民提高环保意识和技能，通过该项目，美国农村地区的生态环境得到了显著改善，土壤质量得到提升，水资源得到合理利用，生物多样性得到恢复。这些积极变化不仅有利于农业生产的可持续发展，还提高了农村地区的生态服务功能，为当地居民提供了更好的生活环境。此外，CRP 项目还有利于农业结构的调整，推动农村经济发展方式的转变，促进农业与生态的和谐发展。

美国农业环保计划的成功经验为我国农村环境治理提供了有益的启示，应充分发挥政府主导作用，加大投入力度，创新实施模式，通过保护农田、湿地等生态环境敏感区域，加大生态补偿力度，引导农民参与环保行动，提高环保意识和技术水平，推动农业生产与生态环境保护协调发展。

2. 欧盟农村环境治理政策法规

（1）政策法规体系

欧盟农村环境治理的法规体系主要建立在两个层级上，分别是欧盟层面和成员国国家层面。这一体系的核心目标是保护农村环境，促进农村地区的可持续发展。在实施过程中，欧盟和各成员国政府通过协调政策、分享经验、合作研究等方式，共同推进农村环境治理工作。

在欧盟层面，针对农村环境治理的法规主要包括一系列指令和政策文件。其中，较具代表性的有以下两项：一是《农业环境保护指令》，该指令旨在保护农业生态环境，促进农业可持续发展。其主要内容包括农业用地保护、生物多样性保护、农药使用限制、农业水资源管理等方面。各成员国需根据该指令制定国内法律法规，确保农业生产和农村环境之间的平衡。二是《共同农业政策》，该政策关注农村地区的全面发展，包括经济、社会、环境等多个方面。其主要目标是提高农村居民的生活质量，促进农村经济的多元化，同时加强农村基础设施建设和生态环境保护。

在各成员国的国家层面，政府根据欧盟相关指令进行国内立法，制定相应的法律法规。这些国家法律的具体内容虽然有所不同，但核心目标都与农村环境治理密切相关。以法国和德国为例，首先，法国农业环境保护政策明确了农业环境保护的原则和目标，要求农业生产者遵循环保标准，加强对农业生态环境的保护，其内容涵盖化肥农药、农业用水、水土保持、动植物与草场保护等多个方面。其次，德国的生态农业法规主要包括《物种保护法》《垃圾处理法》《水资源管理条例》等多项法律法规，规定了农业生态环境保护的基本要求和措施，鼓励农民改变农业生产方式，采用环境友好型农业生产技术，保障农产品质量安全和保护农业生态环境。

（2）政策法规特点

一是综合治理。欧盟在农村环境治理方面的政策法规，展现出了全方位、多层次的治理理念，其关注点涵盖了土地管理、农业发展、生态环境等各个方面，以实现农村环境的全面改善。政策法规不仅关注水资源、土壤、空气、生物多样性等单一环境问题，更强调多部门协同、多政策融合的治理方式，以确保农村环境治理的实效性。在政策法规的制定和实施过程中，欧盟充分体现了综合性治理的特点。例如：首先，在水资源管理方面，政策法规着重于合理开发和利用水资源，提高水资源利用效率，同时加强水资源污染防治，确保农村水资源的安全。其次，在土壤管理方面，政策法规着重于土壤保护、土壤改良和土壤污染治理，以提高土壤质量，为农业发展创造良好条件。再次，在空气质量管理方面，政策法规着重于减少农村地区的空气污染，提高空气质量，保障农民的健康。最后，在生物多样性保护方面，政策法规着重于保护和恢复生物多样性，维护生态平衡，促进农村生态环境的可持续发展。这种综合治理的方式，旨在实现农村环境问题的全面解决，提升农村生态环境的整体质量。

二是法律保障。欧盟在农村环境治理方面制定了一系列详细且全面的法律法规，为这一领域提供了强有力的法律保障。这些法律法规不仅对农村环境治理提出了明确的要求，还对相关政策和措施进行了具体规定，明确了各方的责任和义务，为农村环境治理提供了清晰的方向。以欧盟的《农村环境行动计划》为例，该计划旨在通过实施一系列环保措施，促进农村地区的可持续发展。该计划涉及多个方面，如土壤保护、水资源管理、生物多样性维护、农业补贴政策等。它要求各成员国在农村环境治理方面制定具体的实施方案，并明确目标、时间表和责任主体。此外，欧盟利用《欧盟农业补贴政策》为农民提供经济激励，使其在生产过程中遵循环保规定，如减少化肥使用、提高土壤有机质含量、保护生物多样性等。

三是持续监测。欧盟建立了一套较完善的农村环境治理政策法规持续监测机制，以实现环境治理的长期有效性。为了确保农村环境治理的有效性，欧盟委员会于2000年颁布了《农村环境政策框架》，明确了农村环境治理的指导思想、目标、措施和时间表。欧盟高度重视治理效果的评估与反馈，通过设立专门的评估机构，采用定量和定性相结合的方法，对农村环境治理的各项指标进行监测和评估，评估结果不仅反映了农村环境治理的成效，还为政策调整和优化提供了有力依据。此外，政策加大了对违法行为的处罚力度。对于违反环境保护法规的农业生产者，将依法追究其法律责任，形成强烈的震慑作用。

四是协作治理。欧盟通过建立跨部门协调机制，加强各部门间的沟通与协作，形成治理合力。在治理过程中，欧盟积极采取措施，及时发现和解决问题，具体包括：定期召开农村环境治理大会，成员国分享经验、交流信息、探讨问题，共同寻求解决方案；建立政策调整机制，针对评估中发现的问题，及时调整政策措施，确保治理措施能够长期有效地实施；加强国际合作，与其他国家和国际组织分享农村环境治理的成功经验，共同应对全球性挑战。

（3）典型项目

欧盟农村环境治理项目中，"农业环境计划"（Agri-Environment Schemes，简称 AES）具有一定的代表性。该计划旨在支持农村地区的环境保护、生态修复、农田生物多样性和可持续发展，促进农村经济发展与环境保护的协调推进。

随着经济社会的发展，农村地区的环境保护和可持续发展问题日益凸显。一方面，农村地区的生态环境较为脆弱，容易受到人类活动的影响；另一方面，农村地区的经济发展相对滞后，环境保护与经济发展之间往往存在矛盾。为了平衡上述两者之间的关系，AES 以农民为中心，赋予农民自主权，并且有针对性地给农民提出适合当地情况的生态建议，使他们可以灵活地利用知识和经验，以既有益于生物多样性又不影响农业生产的方式管理土地。AES 以结果为导向，各成员国基于政策实施取得的环境保护成果向农民支付报酬，奖励农民提高农田生物多样性和生态质量的行为，提高了农民保护环境的积极性，有益于推动农民长期积极行为的改变。AES 以高自然价值农田为目标对象，为维持高自然价值农田的生物多样性，农民可以采取改变耕作方式、调整景观设计等方法。农民通常会在 AES 专家指导下，对一个或多个目标物种进行定制化的管理措施设计。实施这些管理措施往往会要求农民专注于低强度农业技术，由此可能造成一定的利润损失，AES 通过补贴和奖励的方式进行干预，以提高农民采取相应管理措施的积极性，使高自然价值农田得到有效保护成为可能。

3. 日本农村环境治理政策法规

（1）政策法规体系

日本农村环境治理的法规体系主要由两部分构成，一是国家法律，二是地方自治体法规，这两部分法规共同为日本农村环境治理提供了法律依据和实施保障。首先，在国家法律层面，日本针对农村环境治理的主要法律有《农业基本法》和《农业环境规范》等。《农业基本法》作为日本农业政策的基础法律，对农村环境治理提出了原则性要求和目标。《农业环境规范》则提出了全面实施环境保全型农业的政策，并将此作为享受政府补贴、政策性贷款等各项支持措施的必要条件。其次，地方自治体法规是根据国家法律和当地实际情况制定的，具有较强的地方特色。例如，《东京都农业环境保护条例》就是在遵循《农村环境保全法》的基础上，根据东京都的特殊情况和实际需求制定的。这些地方法规旨在确保农村环境治理工作在国家法律框架内得以有效实施。日本农村环境治理法规体系在保障农村生态环境、促进农业可持续发展、提高农民生活质量等方面发挥了重要作用。

随着日本农村环境治理的不断深入，法规体系也在不断完善和发展。日本政府计划继续加强农村环境治理法规的制定和修订工作，以适应农村环境保护的新形势和新需求，为日本农村环境治理提供更为有力的法治保障，实现农村生态环境的持续改善和农业的可持续发展。

（2）政策法规特点

一是系统性与配套性。日本农村环境治理政策法规体系具有较高的系统性和配套性，其涵盖了污染防治、资源利用、生态保护、农村基础设施建设等多个方面，确保了各政策之间相互协同，形成了合力。同时，这套法规政策体系具有较强的可操作性，既考虑了实施过程中的实际问题，又兼顾了基层政府和农民的意见，使得政策具有较好的执行和落地转化效果。

二是财政补贴精准化。日本政府设立了精准化的财政补贴政策，为农村环境治理中生活污水收集、设施建设等提供稳定的资金补贴机制，很大程度缓解了农村环境治理的资金难题。首先，日本财政补贴机制中明确规定，补贴资金主要用于农村环境治理，补贴方向明确。其次，日本政府还强调了对农村环境治理设施建设的补贴，例如污水处理设施建设、垃圾处理设施建设、堆肥设施和有机农产品储运设施等，这些设施的建设和运行，提高了农村环境卫生水平，预防了农村环境的恶化。最后，日本政府在财政补贴机制中还强调了治污设备的规范，针对农村环境治理中的设备购置、维护和管理问题，出台了一系列政策措施，确保治污设备合理配置及高效运行。

三是强化技术支撑。日本在农村环境治理过程中注重技术创新和研发，不断探索新的治理技术和方法，以适应农村环境治理的多元化需求。同时，政府、企业和社会组织等各方加强合作，积极推动技术研发和成果转化。首先，政府在农村环境治理政策制定过程中，始终将技术创新和研发作为核心要素，以适应不断变化的环境条件和治理要求。其次，积极引导和鼓励企业参与农村环境治理技术研发。政府与企业建立紧密合作关系，为企业的技术研发提供政策支持和资金投入；政府还通过设立研发项目、举办技术研讨会等方式，为企业提供交流与合作的平台，促进企业间的技术竞争和创新。最后，积极推动技术成果的转化与应用。政府与企业、社会组织携手，将研发的先进技术推广到农村环境治理的实际工作中，以提高治理效果；通过设立技术培训基地、开展技术培训课程等方式，提高农村环境治理人员的技术水平，确保技术的正确实施。

（3）典型项目

日本农村环境治理项目中，较具代表性的是"环境保全型农业"。该项目由日本政府负责实施，旨在通过补贴、奖励等政策手段，推动农民实施环保措施，改善农村环境。

随着日本农村经济的发展，农业生产过程中产生的环境问题日益严重，如农药、化肥过量使用，土壤污染等。这不仅影响了农村生态环境，也对农业生产和农民健康带来隐患。为了保护农村环境，提高农业生产力，日本政府决定实施环境保全型农业。该项目旨在通过实施一系列环保措施，促进农业生产与环境保护的协调发展，具体目标包括减少农业生产过程中的污染物排放、提高农业资源利用效率、保护生物多样性、提高农民环保意识等。该项目由日本政府负责实施，以政策手段推动农民参与，政府通过补贴、奖励等措施，鼓励农民采用环保农业生产技术，如生物农药、有机肥料等，同时，政府还加大环保设施建设投入，提高农村环保服务水平。该项目实施以来，农村生态环境得到显著改善，农业生产过程中的污染问题得到有效控制，农民环保意识不断提高，农村可持续发展能力得到提升，项目取得了良好的经济、社会和生态效益。

三、我国农村环境治理的政策法规

随着经济社会的快速发展，我国环境保护问题日益凸显，尤其是农村地区的环境治理更是迫在眉睫。为了改善农村环境，我国政府陆续出台了一系列环境治理的政策法规，明确了各类污染物的排放标准，制定了严格的处罚措施，并对治理工作进行了具体规划部署。同时，通过设立环境保护目标，对各地环境治理工作进行考核评估，进一步强化了环境治理的实施强度。在实施方式上，我国政府采取了多种手段相结合的方式，包括通过立法、制定标准、实施处罚等手段，加强对农村环境治理的监管；通过推动农村环境治理的市场化运作，鼓励企业和社会资本参与农村环境治理。在实施区域上，农村环境治理政策法规实施区域覆盖全国，各地方政府根据本地实际情况，因地制宜地制定环境治理措施。综上所述，我国政府在农村环境治理方面做出了巨大努力，通过实施一系列严格的环境政策法规，使得农村环境面貌有了根本性的改善。

1. 环境政策法规的实施强度

（1）强制性政策法规

强制性政策法规为农村环境治理提供了明确的方向和标准，对污染行为进行了严格约束，对于保护农村生态环境，促进农村可持续发展具有重要意义。我国强制性环境政策法规主要包括《中华人民共和国环境保护法》《中华人民共和国大气污染防治法》《中华人民共和国水污染防治法》《中华人民共和国土壤污染防治法》等。这些法规明确规定了农村环境治理的目标、任务、责任主体和处罚措施。例如，《环境保护法》作为我国环境保护的基本法律，明确了环境保护是我国的基本国策，规定了各级政府、企事业单位和个体农户在农村环境治理中应承担的责任，这不仅为农村环境治理提供了法律依据，同时也强调了环境保护的全民参与性。《大气污染防治法》《水污染防治法》以及《土壤污染防治法》则分别针对大气污染、水污染和土壤污染制定了具体的防治措施，并明确规定了污染物的排放标准、防治措施以及处罚机制，为我国农村环境治理提供了具体的操作指南。在农村环境治理过程中，地方政府、企事业单位和个体农户都必须严格遵守上述法规，各级政府负责制定和实施农村环境治理规划，企事业单位要落实环境保护措施，个体农户要遵守土地使用、农药使用、养殖业等方面的规定。对于违反法规的行为，政府有权依法进行处罚，从而确保农村环境的可持续发展。

通过实施强制性政策法规，我国农村环境治理取得了显著成效，农村生态环境得到了有效保护，农民生活质量得到了不断提高，同时也为农村经济发展创造了良好的条件，促进了农业产业结构调整和农村产业升级。总体而言，这些强制性政策法规构成了我国农村环境治理的法律框架，为确保农村环境的可持续发展提供了有力的法律保障。

（2）指导性政策法规

在农村环境治理工作中，指导性政策法规为相关工作提供了宏观层面的方向指引和具体操作上的行动指南。我国出台了一系列农村环境治理的指导性政策法规，例如《乡村振兴战略规划（2018—2022年）》《"十四五"土壤、地下水和农村生态环境保护规划》等。其中，《乡村振兴战略规划（2018—2022年）》作为国家层面的重要战略规划，强调了农村环境治理的紧迫性和重要性，并为农村环境治理设定了宏观目标，提出了相应的政策措施，明晰了治理的推进方向与工作顺序。《"十四五"土壤、地下水和农村生态环境保护规划》则更加注重操作层面的指导，详细列举了分类治理目标，并制定了相应的时间表，以确保农村生态环境得到持续改善；该计划提出了加强农村污水处理设施建设、推进生活垃圾分类、废弃物资源化利用以及农业面源污染防治等一系列具体措施，为农村环境治理提供了有效的操作指南。

指导性政策法规的制定和实施，不仅彰显了我国政府在环境保护领域的坚定决心和积极态度，也进一步推动了农业农村的绿色可持续发展。此类法规的制定与执行，确保了农村环境治理工作的有序、高效运转，为实现农村经济繁荣和生态文明建设的协调发展奠定了坚实基础。

（3）激励性政策法规

激励性政策法规通过设立激励机制，能够有效引导基层政府、企事业单位和农户积极参与农村环境治理。例如，我国已发布实施了《生态文明建设示范村镇评价指标》《绿色生态农业发展补贴政策》等一系列激励性政策措施。这些法规设定了明确的评价标准，以提升农村生态环境质量，推动农村地区绿色发展。例如，《生态文明建设示范村镇评价指标》涵盖了生态环境、经济社会发展、民族文化等多个方面，以通过树立典型模范带动农村地区经济、社会、文化和生态的协调发展，落实可持续发展目标。我国政府积极探索通过奖励补贴、税收优惠、技术支持等各类激励性措施，带动绿色农业和生态旅游等产业发展，从而实现农村经济与环境保护的协调发展。此外，激励性政策法规还强调了政策的持续性和长期性，通过设立长期目标和支持政策，确保农村环境治理工作的长期持续推进。

激励性政策法规通过设立奖励机制和优惠政策，有效推动了我国农村环境治理的进程，为实现乡村振兴战略目标和生态文明建设目标提供了有力支持。在未来的工作中，应继续完善和用好激励性政策法规，引导更多企业、组织和农民参与农村环境治理，共同建设宜居宜业美丽乡村。

（4）约束性政策法规

约束性政策法规强调了农村环境治理过程中相关主体的责任、义务与相关处罚措施等，以确保农村环境治理工作的有序进行。相较激励性政策法规而言，约束性政策法规更侧重于行为规范的制定和实施，明确了各主体什么行为可行与什么行为禁止。例如，《基本农田保护条例》严格明确了我国农田的使用方式，规定禁止任何单位和个人违法占用基本农田，禁止在基本农田上进行建窑、建房、建坟、挖砂、采石、取土等破坏农田耕作层的活动，这一规定有效地保护了基本农田的完整性，防止了耕地资源的浪费和破坏。

约束性政策法规的出台与实施，不仅维护了农村环境治理秩序，还为农村生态环境安全提供了有效保障。这对于实现农村可持续发展，提高农民生活水平，构建美丽乡村具有重要意义。

2. 环境政策法规的实施类型

（1）综合治理类政策法规

综合治理类政策法规旨在对农村环境进行全面治理，包括污染防治、生态保护、资源利用等多个方面，以实现农村环境质量的整体改善。我国已制定和实施了诸多不同范畴的综合治理类政策法规，例如，《农业农村污染治理攻坚战行动方案（2021—2025 年）》从农业农村整体范畴，提出要按照深入打好污染防治攻坚战总要求，坚持精准治污、科学治污、依法治污，聚焦突出短板，以农村生活污水垃圾治理、黑臭水体整治、化肥农药减量增效、农膜回收利用、养殖污染防治等为重点领域，强化源头减量、资源利用、减污降碳和生态修复，持续推进农村人居环境整治提升和农业面源污染防治。《"十四五"土壤、地下水和农村生态环境保护规划》从土壤和地下水范围，明确提出加强农村饮用水水源地保护、治理农村污水、加强农村土壤环境保护等任务；到2035 年，全国土壤和地下水环境质量稳中向好，农用地和重点建设用地土壤环境安全得到有效保障，土壤环境风险得到全面管控，农村生态环境根本好转。

综合性治理类政策法规实施以来，我国农村环境整体状况得到显著改善，农村生态环境与农村人居环境质量得到极大改善，在我国农村环境保护方面发挥了重要作用。

（2）专项治理类政策法规

专项治理类政策法规主要针对农村环境中的某一特定领域的问题加以治理和规范，包括污染防治、生态保护、资源利用等方面。污染防治类政策法规主要针对农业生产中的污染物排放进行了规范。例如，我国《农药管理条例》对农药生产、经营、使用等环节进行严格管理，旨在减少农药对农村环境的污染；《肥料管理条例》对化肥的生产、销售、使用进行了规范，以降低化肥过量使用带来的环境污染。生态保护类法规主要关注农村生态环境的保护和恢复。例如，《退耕还林还草条例》规定了退耕还林还草的具体政策措施，以改善农村生态环境；《中华人民共和国水土保持法》对水土流失严重的地区进行治理，提高土地质量。资源利用类法规旨在合理开发和利用农村资源，保障农村可持续发展。例如，《中华人民共和国农村土地承包法》规定了农村土地的承包、流转和使用政策，保障农民的土地权益；部分省份出台的《农村供水条例》规定了农村水资源的开发、利用、保护和管理措施，提高水资源利用效率。

专项治理类政策法规的制定与实施，对于农村环境治理具体领域中关键问题的解决发挥了重要作用，有助于提升治理工作针对性及效率，进一步优化农村环境治理措施，促进农村经济发展与生态环境保护和谐共生。

3. 环境政策法规的实施区域

（1）重点区域治理政策法规

重点区域环境治理政策法规主要针对重点生态功能区、自然保护区、风景名胜区等特殊区域，旨在保护特定区域的生态平衡和环境质量，具有极高的现实意义和战略价值。重点区域环境治理政策法规涵盖了多个方面，包括法规制定、行政管理、监督考核等环节，形成了一个完整的管理体系。以《自然保护区条例》为例，该条例对自然保护区的设立、管理、监督等方面进行了详细规定，为自然保护区的发展提供了有力的法制保障。此外，我国还制定和出台了《全国生态功能区划》《风景名胜区条例》等一系列重点区域环境治理政策法规，从而构成了我国重点区域治理的法律法规体系。上述政策法规的有效实施，有力地促进了我国重点区域的生态保护与治理；通过严格执行相关法规，一大批违法开发、破坏生态环境的行为得到有效制止，许多重点区域的生态状况得到了显著改善，不仅有力地保护了我国生态安全，也为人民群众提供了更好的生态环境。同时，重点区域治理政策法规的实施，还有助于提高全社会对各类不同生态环境重要价值的认识和了解，进一步促进绿色发展理念的深入人心，为实现农业农村的可持续发展奠定了坚实的基础（杨春蓉，2019）。

重点区域治理政策法规在我国农村环境保护中发挥了至关重要的作用，今后的工作中，应继续完善和强化上述相关政策法规，使之更好地服务于我国生态文明建设，通过全社会的共同努力，实现人与自然的和谐共生。

（2）一般区域治理政策法规

除上述单独针对某类重点区域的治理政策法规以外，我国环境治理政策对各地区农村环境治理工作均具有重要作用。为了和前述重点区域环境治理政策法规进行区分，本处称为一般区域环境治理政策法规。这些法规的制定和实施，旨在全面改善各地区农村生态环境，提升农村居民的生活质量，推动农村经济可持续发展。这一系列政策法规覆盖了农村生态环境和农村人居环境各个方面，为农村环境治理工作提供了明确的方向和要求。例如，《农村人居环境整治提升五年行动方案（2021—2025年）》是我国农村人居环境整治的一项重要政策，对农村生活垃圾、生活污水、农村厕所以及村容村貌治理工作进行了系统性阐释，并对具体治理措施、方法和推进方向进行了明确规定，该方案对于我国农村人居环境整治具有普遍指导意义，各级地方政府根据此方案进一步细化制定了本地区的农村人居环境工作方案，形成了省、市、县各级具体的工作计划及方案措施。该方案提出，到2025年我国将实现农村人居环境的显著改善，生态宜居美丽乡村建设取得新进步。

第六章　农村环境治理的发展趋势

一、农村生态环境治理的发展趋势

1. 发达国家农村生态环境治理的发展趋势

（1）生态环境保护与经济发展相协调

在农村生态环境治理方面，发达国家积极推动农村经济的绿色转型，不仅关注短期经济利益，更着眼于长远的生态平衡和可持续发展。为了实现上述目标，各国采取了多种策略：一是大力推广环保技术，提高农民的环保意识和技能，这不仅有助于减少农业生产活动对环境的负面影响，还有助于发掘新的经济增长点。二是积极调整产业结构，引导农民转向更加环保、可持续的生产方式，在保护生态环境的同时，有助于提升农产品质量和市场竞争力。三是注重优化资源配置，确保经济发展所需的资源得到合理、高效的利用。通过鼓励农民采用先进的农业技术设备，提高生产效率和资源利用率，从而降低对环境的影响。四是加大对农村生态环境的监管力度，严厉打击破坏环境的行为，维护生态平衡。上述措施的实施，不仅有力地推动了农村经济的绿色转型，还有助于保护自然环境、维护生态平衡。

（2）法律法规体系不断完善

在农村生态环境治理方面，发达国家关注规范性建设，不仅注重法律法规的制定，更强调相关法律法规后续的具体实施和执行工作。在农业环保法律法规的制定上，表现出严谨细致的态度，以确保每一项规定都能落到实处，为农业废弃物的处理和农村污染防治提供了明确的指导和依据。

以美国为例，其在农业废弃物处理方面，制定了严格的排放标准和回收制度，确保废弃物得到合理有效的利用；在农用地污染防治方面，也采取了多项措施，包括土地休耕、土壤监测以及生态补偿等，旨在保护耕地资源，确保其可持续利用。这些措施的实施，不仅有利于农业生态环境的改善，也对提升农业生产效益、促进农村经济的可持续发展发挥了重要推动作用。

（3）环保科技创新驱动

科技创新不仅关乎国家的经济繁荣，更是深刻地影响着人类的生存环境。在农村生态环境治理方面，发达国家十分注重科技创新策略，不仅包括简单的技术更新，更涉及深度研发、多维度创新合作以及全方位的技术推广应用，推进农村生态环境的持续改善。具体而言：一是重视科技创新的投入，对环保技术研发进行了大量、全方位投入。二是积极推广经过检验的环保技术产品，促进环保科技与农村治理实践的有效结合。

以美国和德国为例，其在农业废弃物资源化利用和土壤污染修复方面取得了较好的效果。首先，通过新技术和新产品的研发，提高了废弃物的利用率，并降低了对土壤的污染危害。其次，注重与科研机构、高校等进行紧密合作，形成了一个多元化的科技创新体系，加速了新技术的研发进程，确保了技术使用效果，并使科技创新成果能够迅速转化为实际的生产力，进一步推动了农村生态环境治理。通过一系列具有深度和广度的科技创新策略，实现了农村生态环境的持续改善，体现了科技创新在农村生态环境治理中的巨大价值。

（4）社会参与度不断提高

在农村生态环境治理方面，发达国家在强调发挥政府主导作用的同时，注重引导和激励社会力量参与农村生态环境治理。通过建立多元参与机制，社会各方力量得以有效整合，形成了全社会共同关注和参与的共治模式。

一是在政府层面，制定了一系列严格的法律法规，旨在保护农村生态环境，并通过加大资金投入以确保治理工作的顺利进行。政府还充分发挥其引导和统筹协调的职能，确保各方力量在生态环境治理中形成合力，发挥出最大的治理效能。二是采取多种措施提高社会各界对农村生态环境治理的关注度和参与度。例如，通过组织环保志愿活动，吸引更多力量参与农村生态环境治理，增强全社会的环保意识；鼓励农民、合作社组织等参与治理工作，使农民成为生态环境治理的主体，发挥他们的积极性和创造性。三是在科技创新方面，重视引进和研发新技术，以提高治理效率、降低治理成本。通过推广绿色农业、生态农业等可持续的农业生产方式，有效减少农业对环境的污染，促进农村经济与生态环境的和谐发展。四是注重加强国际合作与交流。积极参与国际环保事务，与其他国家分享生态环境治理的成功经验和先进技术，共同应对全球生态环境挑战。国际合作与交流不仅有助于提升各国的生态环境治理水平，还有助于推动全球生态环境治理朝着更加科学、有效的方向发展。

2. 发展中国家农村生态环境治理的发展趋势

（1）政策支持力度不断扩大

发展中国家在农村生态环境治理的实践和政策创新上取得了一系列引人注目的成就。在推动农村生态环境治理过程中，其注重政策支持的引导作用，通过制定一系列优惠政策，鼓励农民采取环保措施，推动农村生态环境治理。这些政策措施不仅具有前瞻性，而且注重实际效果，旨在激发农民等主体的积极性和创造力。

印度和埃及等国家在农村生态环境治理方面取得良好效果，通过出台一系列农业环保政策，以及环保型农业技术推广、生态农业示范区建设等相关措施，鼓励农民积极参与环保行动，有力地推动了农村生态环境治理，促进了农业的可持续发展。例如，印度实施的农作物保险计划，利用农业收入保险的方式避免农民因农产品价格剧烈波动或作物减产等原因遭受过大损失；埃及立足本国农业发展现状，以可持续发展为目标，制定了《2030农业可持续发展战略》，以实现农业现代化发展，确保国家粮食安全，提高农民生活水平，并充分利用埃及地缘政治优势服务于农业生产。发展中国家的成功实践表明，政策支持在农村生态环境治理中发挥着至关重要的作用，这些实践经验也为其他国家农村生态环境治理提供了宝贵的借鉴和启示。

（2）农业废弃物资源化利用日益重视

发展中国家在面对农村生态环境问题时，不仅考虑现实问题的解决，还从长远视角出发，注重农业废弃物的资源化利用，在改善农村生态环境的同时，为农村经济的可持续发展铺平了道路。作为农业生产的副产品，农业废弃物在很多发展中国家农业生产传统中，一直是宝贵的农业生产资料。例如，作物秸秆和畜禽粪便等废弃物，通过一系列科学处理和利用，以生物质肥料等角色成为了推动农业发展的重要资源。这种转化使用不仅提高了资源的利用率，还减轻了对自然环境的压力。在新的农村生态环境治理工作中，发展中国家进一步审视了传统农业的资源循环利用模式，将农业废弃物资源化利用作为了环境保护的重要手段。

以中国和印度为代表的农业大国，在农业废弃物资源化利用方面取得了丰富的成果。在大力开展相关技术研发和推广的同时，建立起了一套完整的农业废弃物回收利用体系，将废弃物变废为宝，并为农民带来了切实的经济收益，将环境保护与农民增收相结合，促进了环境治理的可持续发展。同时，在开展废弃物资源化利用过程中，两国都充分考虑到地方文化传统和实际情况，因地制宜，采取了多种形式和手段，确保了废弃物资源化利用的可行性和可持续性。例如，中国在开展畜禽粪污资源化利用过程中，结合各地区实际情况，开发和推广了沤肥、反应器堆肥、条垛（覆膜）堆肥、深槽异位发酵床、臭气减控、发酵垫料、基质化栽培、动物蛋白转化、贮存发酵和厌氧发酵等多种畜禽粪污处理技术，并在不同场景下获得大量成功案例，在全国范围内推广应用。通过开展多元化的农业废弃物资源化循环利用，增强了环境治理工作的生命力，为其他国家提供了宝贵的经验借鉴。

（3）生态农业广泛推广

在农村生态环境治理方面，发展中国家高度重视生态农业的推广，将其广泛应用于生产实践过程中。通过精心规划和科学实施，成功推动了有机农业、绿色农业等生态农业模式的普及。不仅大幅减少了化肥、农药等化学品的使用量，有效降低了农业对环境的污染，还为农民带来了可观的收益，促进了经济效益与生态效益的双赢。

菲律宾和泰国作为东南亚国家，在生态农业实践上积累了丰富的经验。通过创新理念和实践，利用生态农业技术的推广，在优化传统农业生产方式的同时，有效改善了土壤质量、农作物产量和水源污染等问题。首先，两国通过采用生态农业技术，如有机肥料施用、生物农药应用及保护性耕作等措施，使得土壤肥沃度得到提升，土壤结构得到改善。这不仅提高了农作物的产量，还降低了土壤侵蚀和荒漠化的风险。其次，通过引入优良品种、精细化管理等技术，菲律宾和泰国的农民成功提高了农作物的抗病虫害能力和适应性，使得农作物产量稳步增长，不仅满足了国内市场需求，还创造了更多收入。最后，菲律宾和泰国政府积极推广节水灌溉技术，提倡绿色防控理念，在降低水资源消耗的同时，也改善了农业水源污染问题，促进了水资源的长远利用。此外，生态农业的发展带动了相关产业链的壮大，如农产品加工、农村旅游等，不仅提高了农民的生活水平，还为国家的经济增长提供了有力支撑。

（4）环保意识逐步提高

农民是农村生态环境保护的中坚力量，发展中国家普遍把提高农民的环保意识作为环境治理工作的重点之一。通过开展宣传教育活动和各种培训课程，成功地增强了农民的环保意识和责任感，激发了农村居民积极参与环保工作的热情。

埃及在农村生态环境治理过程中广泛开展环保宣传和教育，在此方面积累了较丰富的经验。一是在环保宣传教育上投入大量资源。充分利用各种传播渠道，如电视、广播和报纸，向广大农民普及环保知识，这些宣传活动旨在让农民了解到环境问题的严重性，以及他们在保护环境中的责任和义务，通过持续的宣传教育，农民的环保意识得到显著提升。二是埃及政府组织了形式多样的培训课程和研讨会。这些培训和研讨会旨在引导农民学习可持续农业技术和生态保护方法，通过培训，农民不仅提高了自身的环保意识，还了解了绿色农业生产操作技能，为农村生态环境的改善奠定了坚实的基础。三是，埃及政府还制定了一系列政策措施，鼓励农民参与环保工作。例如，实施生态补偿机制，对采取环保措施的农民给予一定的经济奖励；开展绿色农业项目，支持农民发展生态农业；加强农村基础设施建设，提高农村生活质量等。这些政策的推行，进一步激发了农民参与环保工作的积极性。埃及在贝尼苏韦夫省农村地区已进行了简易环保厕所建设试点，取得了良好效果，该项目是为了引导农民在户内修建一种简易卫生设备，以减少对尼罗河水和地下水的污染。

综上所述，发达国家在工业化进程中，经历了严重的环境污染和资源过度消耗。因此，他们在农村生态环境治理上更加注重预防和综合治理。例如，通过立法来约束农业活动中的污染物排放，推广生态农业和有机农业，加强农村基础设施建设，提高废弃物的回收利用率等。这些措施不仅有效改善了农村环境，还有助于推动农村经济多元化发展。相比之下，发展中国家的农村生态环境治理面临更多挑战。一方面，快速发展的工业化和城市化给农村环境带来巨大压力；另一方面，技术和资金相对匮乏也限制了治理的有效性。然而，不少发展中国家正积极寻求国际合作，学习先进经验，逐步实现从传统农业向绿色农业的转型。他们努力通过教育和培训提高农民的环境意识，推广环保技术和可持续农业方法，努力实现经济发展与环境保护的和谐共生。

通过探讨发达国家和发展中国家的农村生态环境治理趋势，可以发现二者的一个共同目标，即实现人与自然的和谐共存。对于我国而言，在借鉴国际经验的同时，需结合自身实际情况，进一步建立健全农村生态环境保护法律法规、加大农村环境治理投入、强化科技支撑、推进生态农业发展、完善监管体系以及加强农民环保教育，以不断提升我国农村生态环境治理水平，推进农业现代化和新农村建设。总之，在全球共同努力下，农村生态环境治理正朝着更加可持续和包容的方向发展。

二、农村人居环境整治的发展趋势

1. 发达国家农村人居环境整治的发展趋势

（1）日益重视可持续发展

可持续发展已逐渐成为众多发达国家所秉持的重要发展理念。这一理念强调在经济增长的同时，注重环境保护、资源有效利用和社区发展，以实现人类与自然、人与人之间的和谐共生。在这个过程中，发达国家以其丰富的经验和技术，为推动全球可持续发展做出了积极贡献。

德国围绕可持续发展理念，在农村人居环境整治方面积累了较多实践经验。德国政府实施了大量生态友好型基础设施建设项目，这些项目涵盖了农村住房、交通、能源、水资源等多个领域，旨在提高农村居民的生活质量，同时保护环境和自然资源。首先，在住房方面。德国政府注重提高农村居民居住条件，通过政策引导和资金支持，推动农村住房建设现代化。这一举措既提升了农村居民的居住环境，又有利于促进农村经济发展。其次，在交通领域。德国政府大力发展公共交通和骑行设施，鼓励农村居民采用低碳出行方式。通过完善农村道路网络，提高道路质量，降低了交通事故发生率，保障了农村居民的出行安全。再次，在能源方面。德国积极推动农村可再生能源的开发和利用，政府通过补贴、税收优惠等政策手段，鼓励农村家庭安装太阳能、风能等清洁能源设备。这一举措既有助于减少温室气体排放，降低对化石能源的依赖，又有利于提高农村居民的生活水平。最后，在水资源管理方面。德国政府采取了一系列措施，如加强农村供水设施建设、提高污水处理能力、实施水土保持项目等，有效保障了农村居民的生活用水安全，有效改善了农村的人居环境条件。

（2）挖掘地方特色和乡村旅游

乡村旅游在近年来受到了广泛关注并得以迅猛发展。一些发达国家巧妙地利用乡村特色资源，大力发展乡村旅游，取得了一系列显著成果。在乡村旅游的带动下，农村的人居环境质量获得了极大改善，还有效地拉动了地方经济的持续增长。

以法国为例，作为一个拥有悠久葡萄酒文化的国家，其葡萄酒产区如波尔多、勃艮第等地，凭借独特的葡萄酒文化吸引了世界各地的游客，这些游客在欣赏美丽风光、品尝美酒的同时，还深入了解了葡萄酒的酿造过程和当地的葡萄种植技术，这种特色乡村旅游模式，使得法国农村地区焕发出新的生机和活力。与此类似，日本的温泉乡如箱根、草津等地区，也充分利用其优质的温泉资源，为游客提供独特的疗养体验，游客们在享受温泉泡浴的同时，还可以感受到日本传统文化的魅力。这种依托于特色资源的乡村旅游模式，不仅提高了当地居民的生活质量，还推动了地方经济的持续增长。发达国家的成功案例，有效阐释了农村地方特色蕴含的丰富经济价值，挖掘好地方特色，将环境保护与地方产业发展相结合，在获得经济效益的同时，更为农村地区人居环境质量的进一步提升和稳定改善创造了良好的经济条件。

（3）创新环境治理手段

依托治理手段创新，是不少发达国家治理农村人居环境问题的重要措施。得益于较高的发展水平与发展速度，不少发达国家的农村地区具有较好的基础条件与配套设施建设水平，但随着时间的推移，这些农村也逐步面临着设施老旧、人口减少、居住环境每况愈下等问题。为改善农村人居环境，促进农村地区经济发展，部分发达国家也采取了乡村振兴的发展战略，通过治理手段创新应对农村人居环境恶化问题。

以德国为例，在应对农作物秸秆治理问题上，通过在农村地区建设由农场主入股的生物发电厂，秸秆发电后农场主不仅可以获得利润分红，还可以免费获得发电后产生的沼液沼渣作为有机肥料，使得农场主和发电厂构建了较为紧密的利益联结关系，农场主大多会积极将秸秆送至生物发电厂，有效避免了秸秆私自焚烧或处理难等导致的环境问题。为应对农村基础设施存在的问题，2007年《莱比锡宪章》中明确提出了"整合性城市发展"理念，倡导城乡有效利用区域公共优势，共用现有资源，实现城乡共同发展。对于农村生活垃圾处理问题，德国在垃圾源头分类原则的基础上，进一步强调了垃圾后续处置的无害化技术运用，例如严格控制进入填埋场中的有机垃圾比例，逐渐减少填埋式垃圾处理比例，提高热处理与有机降解垃圾处理技术等。

2. 发展中国家农村人居环境整治的发展趋势

（1）加强政策支持与立法

在全球范围内，农村人居环境的改善已然成为一项重要议题。对于众多发展中国家而言，这不仅是一个迫切的需求，更是一项艰巨的挑战。为了应对这一挑战，多数发展中国家普遍通过政策法规的完善以推动农村人居环境整治工作。

作为发展中国家的人口大国，印度政府提供了一个较好的实践范例。为了改善农村居民的生活环境，印度政府推出了《国家农村住房计划》，不仅为农村家庭提供财政上的支持，更为他们指明了改善住房条件的方向。该计划的核心目标是为农村居民创造一个安全、舒适、现代化的居住环境，从而整体提升他们的生活质量。为实现这一目标，印度政府实施了一系列综合性的策略。一是资金补贴的全面覆盖。政府不仅为农村家庭提供了直接的财政补贴，还确保了资金能够真正用于改善住房条件，以减轻农村家庭的经济负担。二是与地方政府的紧密合作。通过各级政府间紧密合作确保了住房计划的顺利推进，为项目实施提供了必要支持。三是基础设施建设的同步推进。除了住房本身，政府还注重农村地区的基础设施建设，如供水系统、供电网络和卫生设施等，以确保农村居民的基本生活需求得到满足。四是培训与技术支持。为提高住房质量，政府为农村居民提供了专业化培训课程，教授建房技术；同时还鼓励科研机构和企业研发适合当地特色的建筑材料，以降低建造成本。五是政策监督与评估机制。政府设立了专门的监督机构，对住房计划的执行情况进行定期评估，确保了政策的有效性并及时调整策略以满足实际需求。

（2）与生态保护恢复相结合

在发展中国家，经常能看到生态退化和环境污染等问题给农村居民生活带来的不利影响。在此情况下，农村人居环境整治与生态环境保护二者相结合，成为很多国家农村环境治理的重要模式。

例如，在非洲的肯尼亚和坦桑尼亚等国家，生态环境问题日益严重，过度放牧、采伐以及气候变化等多重因素，导致草原和森林生态系统出现了严重退化。这种状况不仅对当地居民的生活质量产生了负面影响，而且还对整个生态系统构成了严重威胁。为了应对这一问题，这些国家积极采取一系列措施，如大力推进植树造林工程、种植树木、增加绿化面积，力求治理和恢复退化的生态系统；实施限制放牧和采伐相关政策，以减少对森林资源的破坏；推广可持续农业，以实现生态与经济的可持续发展。上述措施的实施，不仅有助于改善当地居民的生活环境，提高生活质量，还对整个生态系统起到了保护和恢复的作用，在应对气候变化、保护生物多样性等方面也取得了显著成果。

（3）农民和社区组织参与

在农村人居环境整治领域，发展中国家注重社区组织和农民的主体作用。通过引导农民成立合作社等方式，激发农村居民的积极性，共同参与农村人居环境整治，实现治理工作的可持续。

在非洲地区，埃塞俄比亚政府大力支持农民成立合作社，这些合作社不仅负责农业生产，还积极参与住房建设与管理。通过集体的力量，农民们能够更高效和高质量地完成住房建设，改善居住环境，这种模式不仅提高了建设效率和质量，还增强了社区的凝聚力。当然，农村人居环境整治是一个复杂而多元的工作，不仅涉及硬件设施的改善，还涉及文化、社会和经济等多个方面。无论是发达国家还是发展中国家，都需要根据自身的实际情况，采取合适的策略和措施，推动农村人居环境的持续改善。

综上所述，农村人居环境整治是全球可持续发展中的重要议题。不同国家由于经济和社会发展水平的差异，在农村人居环境整治方面表现出了不同的发展趋势和特点。发达国家在农村人居环境整治方面，由于经济实力较雄厚，基础设施相对完善，技术较先进，更加注重生态环境保护、乡村旅游、文化遗产保护等领域。同时，由于城市化水平高，农村人口外流严重，农村地区人口老龄化明显，因此在农村人居环境整治中，更加注重提高老年人和弱势群体的生活质量和居住环境。发展中国家则更加注重农村基础设施建设和农村生产生活条件的改善。由于发展中国家的城市化水平相对较低，农村人口占比较大，因此政府更加注重通过农村人居环境整治来促进农村经济发展和提高农民收入。同时，发展中国家的技术水平相对较低，因此在农村人居环境整治中，更加注重引进和推广适合本国国情的实用技术和管理经验。总体来说，农村人居环境整治是一个复杂而长期的系统工程，需要政府、社会各界共同努力，充分借鉴和学习各国间的治理经验，通过合作与交流，协作创新，共同推进全球农村人居环境的改善。

第七章　我国农村环境治理发展历程

一、我国农村环境治理的演进

新中国成立以来，我国社会经历了前所未有的高速发展和翻天覆地的变化。但与此同时，农村环境也面临着严峻的挑战与深刻的变革，日益引起了党中央的关注和重视。随着乡村振兴战略的深入推进，农村环境治理问题已成为关乎国家生态文明建设、农民生活质量提升以及农业可持续发展的重要议题。当前，我国农村在享受经济社会进步带来的福祉的同时，也面临着人居环境污染问题突出和生态系统退化等环境挑战。随着资源环境约束的日益加剧，我国政府坚定倡导并践行绿色发展理念，全力推进生态文明建设，旨在探寻经济社会进步与环境保护之间的平衡点，确保两者协同并进、和谐发展。因此，追寻历史演进的脚步，探索并践行科学有效的农村环境治理体系与绿色发展模式，不仅对于改善农村生态环境质量、实现"美丽中国"愿景具有现实意义，而且为全球农村环境治理提供了宝贵的经验。

我国农村环境治理体系的演变特征及其变迁历程一直是学术界关注的核心议题。研究者在对不同时期农村环境治理特征梳理分析的基础上，将我国农村环境治理演进发展划分为不同阶段，并据此展开大量解读与阐释。综合已有研究成果，学者们对我国农村环境治理的演进主要提出以下划分标准：

一是以环境问题特征和治理政策设计为标准划分演进阶段。杜焱强（2019）对我国农村环境治理 70 年的发展脉络进行回顾，提出在面对主要挑战时需理清环境整治与乡村振兴、政府投入与群众动员等方面的问题，并将这一历程划分为 5 个具有标志性的阶段：政策空白阶段（1949—1976 年）、制度初创阶段（1977—1994 年）、领域开拓阶段（1995—2001 年）、全面加速阶段（2002—2012 年）和总体深化阶段（2013 年至今）。林龙飞等（2020）从新中国成立 70 余年的经济社会发展角度出发，探讨了农村环境治理的历史演进和未来发展方向，并将我国农村环境治理过程划分为 4 个阶段：被动起步阶段，农村环境问题初显（1949—1972 年）；主动调整阶段，农村环境问题凸显（1972—1990 年）；完善强化阶段，农村环境问题加剧（1999—2010 年）；全面深入阶段，农村环境问题恶化（2010 年至今）。

二是以政策目标与行动变化为标准划分演进阶段。韩冬梅 等（2019）针对改革开放后的 40 年，将我国农村环境治理划分为酝酿阶段（1978—1994年）、起步阶段（1995—1999 年）、加速阶段（2000—2016 年）和全面提升阶段（2017 年至今）。张会吉，薛桂霞（2022）基于政策文本视角，将环境治理演进阶段划分为政策空白阶段（改革开放前）、政策初创阶段（改革开放至新农村建设前）、政策提升阶段（新农村建设至精准扶贫前）和政策深化阶段（精准扶贫后至今）。

三是以演变背景和历史事件为标准划分演进阶段。李成（2022）认为，我国农村生态环境治理主要经历了初始期（1949—1972 年）、探索期（1973—1999 年）、提升期（2000—2012 年）和深化期（2013 年至今）4 个阶段。张金俊（2018）立足农村环境治理体系现代化视角，将我国农村环境治理过程划分为萌芽期（1949—1977 年）、构建期（1978—1999 年）以及初步形成期（2000年以后）。

基于已有文献研究，本章立足新中国成立 70 余载的发展历程，系统梳理农村环境治理的关键政策以及里程碑案例，延续前人研究时序线索，将我国农村环境治理进程划分为 4 个历史阶段：一是政策意识觉醒与初步构建阶段（1949—1977 年），二是政策实施起步与局部试验阶段（1978—1999 年），三是政策体系逐步完善与成效积累阶段（2000—2012 年），四是政策全面覆盖与深化执行阶段（2013 年至今）。在各阶段探讨过程中，紧密结合当时社会经济背景，凝练阶段特征和发展重心。同时，本章深入总结分析了各个阶段农村环境治理的重大成就、宝贵经验及面临的主要问题。通过详尽的归纳梳理（表 7 - 1），旨在为我国农村环境治理的发展提供历史参照，并进一步展望农村环保事业的发展趋向，以期在新的社会经济条件下推进农村环境治理的科学、系统与可持续发展。

1. 政策意识觉醒与初步构建阶段（1949—1977 年）

新中国成立以来，国家在致力发展经济保障人民福祉的过程中，对环境问题的关注尚处于起步阶段，对于农村环境治理方面的关注程度与资源投入相对有限。随着生态环境与农村人居环境问题的逐渐显现，我国政府逐渐开始重视农村环境问题的治理，在农村地区发起"两管五改"爱国卫生运动，该运动涵盖了水利设施建设、森林保护、废弃物循环利用等多个方面，旨在解决当时逐渐显现的农村环境问题。尽管此阶段我国政府对环境保护的重视程度逐渐提高，但相关措施主要集中于基础性政策框架方面，针对具体环境问题的专项环保政策仍尚待完善。同时，相关治理措施多以跨部门文件等形式传达，缺少具体的法律依据。

1958—1960 年"大跃进"时期，群众积极响应国家号召大力开展钢铁生产活动，此期间不可避免地对农村生态环境产生极大影响。此后从 1966 年开始，以重工业建设中心的发展思路，导致森林资源和农业生产资源受到一定损失，农村生态系统平衡受到较大影响，农村环境面临严峻挑战。为此，我国政府开始逐步关注农村环境治理问题，并出台了相关政策法规。例如，在 1963年颁布了《森林保护条例》，1965 年实施了《矿产资源保护试行条例》，这两个重要文件分别将林业管理和民众基层保护行动紧密结合，从资源合理利用与保护视角，为农村环境保护体系构建提供了制度支持。1972 年，我国政府代表团出席了在瑞典斯德哥尔摩召开的联合国首届人类环境大会，标志着我国对环境保护特别是农村环境保护领域已上升至国家层面，成为后续环境治理历程的重要转折点。

2. 政策实施起步与局部试验阶段（1978—1999 年）

随着改革开放的不断深化和工业化进程的快速推进，城市污染问题逐渐向农村腹地扩展，同时乡镇企业的发展亦导致了污染物排放量的增长，这在一定程度上加剧了农村地区的工业污染、农业面源污染以及城市污染物转移等环境问题。这一时期，我国农村生态环境遭受严峻考验，农村居民生活环境质量与安全性呈现下滑趋势，面临空前的环境保护挑战。

面对日益凸显的环境问题，我国适时启动了以环保政策为重要抓手的污染防治实践探索，出台了一系列农村环境治理政策法规。1978 年修订的《中华人民共和国宪法》将环保承诺法制化，确立了国家对环境与自然资源的保护，以及污染和公害防治的法定义务，在宪法层面为环境保护提供了强有力的法律保障。1983 年，我国进一步将环保提升至国家战略层面，并正式确立为基本国策。进入 20 世纪 90 年代，我国在环境保护立法方面取得了显著成就。1993 年，我国政府颁布了《中华人民共和国农业法》，这一标志性事件标志着我国开始从国家顶层法律架构出发，系统性地介入农业和农村环境保护工作。该法案对规范农业生产行为，减轻农业环境污染提供了翔实的法律规定，并致力于确保农村生态环境得到有效的维护与改善。同年，我国出台了《村庄和集镇规划建设管理条例》，该条例为农村基础设施规划与建设提供了有效制度支持，对引导农村环境治理步入规范化、有序化的发展阶段起到了决定性作用。1999 年，农村环境保护专项法案《国家环境保护总局关于加强农村生态环境保护工作的若干意见》正式发布，该意见为后续农村环保法律法规、标准和技术规范的出台提供了政策依据，对于构建和完善农村生态环境保护法律体系具有重要作用，极大地推进了农村环境治理体系的现代化、规范化和制度化发展。

这一阶段我国农村环境治理的特征主要体现在以下几个方面：首先，农村环境治理呈现出创新性发展，出台了农村环境保护专项政策，逐步构建了覆盖范围广泛的法规体系和规范标准。其次，针对农村环境治理问题，提出了一系列政策措施和治理理念，但在具体实施层面仍缺乏具备操作性和明确指导作用的配套政策文件作为支撑。最后，环保标准、规范和技术，以及相关经济政策已逐步完善，环保工作深入至农村用水改造、厕所改造、禽畜养殖污染防治及农村能源生态建设等细分领域，但在整体规划和系统整合方面仍有待加强。总体来看，此阶段我国农村环境治理工作逐步向自然环境和人居环境全方位治理方向发展，体现了农村生态环境与人居环境整治之间的有机联系和互动融合。

3. 政策体系逐步完善与成效积累阶段（2000—2012 年）

进入 21 世纪以来，随着农业生产的快速发展，农业环境污染问题日益突出。2007 年，第一次全国污染源普查公报数据显示，我国农业源主要水污染排放量中总氮为 270.46 万吨，总磷为 28.47 万吨，分别占到全国总量的 57.19％和 67.27％。农村环境问题源于一系列复杂因素的交织，环境污染不仅直接影响农业生产的绿色可持续发展，也影响着农民的生活质量，迫切需要开展农村环境保护与治理。

这一时期，我国政府在农村环境治理方面采取了一系列积极行动。2005 年，十六届五中全会提出建设"社会主义新农村"的重大战略部署，明确强调了对农村环境进行全面改善与治理的必要性和要求。2008 年，全国农村环保会议提出，加大农村环境综合整治力度，集中解决饮用水安全、畜禽养殖污染及生活垃圾处理等关键问题。2010 年，发布了《全国农村环境连片整治工作方案（试行）》，旨在全面推进农村生态环境整治，切实提升农村居民的生活环境质量，努力打造美丽宜居乡村。2012 年，党的十八大进一步将生态文明建设提升到国家战略层面的优先位置，并作为重点强化的工作任务。同年发布的中央一号文件，明确提出"美丽乡村"发展理念，并成为我国农村发展战略的核心目标之一。

这一时期我国农村环境治理政策的主要特征是：一是我国已构建起相对完善的综合性治理体系，在战略层面上明确了农村环境治理工作的重要性。相较以前，当前阶段的治理政策具有更强的连贯性和一致性，明确指出环境保护工作的关键着力点聚焦于农村地区。二是政策内容更为具体细致，细化了治理重点领域。基础设施建设、饮水安全、畜禽养殖污染、生活垃圾处理以及农业清洁生产技术等被逐一提及，相关治理举措具备问题导向和实施可行性。三是实施了多元化污染防治政策，农村环境治理工作在技术应用、资金投入以及监管机制等多维度得到有效完善。四是强化了跨部门协同合作机制，环境保护部、财政部和农业部等多个核心政府部门联手制定并推行整治方案，农村环境治理获得有效推进。

4. 政策全面覆盖与深化执行阶段（2013 年至今）

党的十八大以来，我国政府高度重视生态文明建设，提出"绿水青山就是金山银山"的绿色可持续发展理念。在此背景下，作为生态安全屏障的重要构成，农村环境治理工作得到了前所未有的高度重视。2013 年，中央一号文件提出了关于推进农村生态文明建设和打造美丽乡村的明确要求。同年，农业部发布《关于开展"美丽乡村"创建活动的意见》，进一步明确了创建美丽乡村的行动措施和指导原则。2018 年发布了《关于全面加强生态环境保护坚决打好污染防治攻坚战的意见》，突出了农业和农村污染防治的核心地位，提出推动农业绿色发展，加速解决农业和农村面临的主要环境问题，为农村环境治理提供了顶层设计依据。同年，《农村人居环境整治三年行动方案》发布，明确了农村人居环境整治中生活垃圾处理、污水处理、厕所改革和村容村貌提升等领域的具体目标及工作方向。2019 年，生态环境部与农业农村部共同公布《农业农村污染治理攻坚战行动计划》，该计划聚焦农业生产、生活和生态三大核心领域，针对农业和农村污染问题，提出了全面的治理策略和具体行动方案，并对后续农村环境治理任务进行了详细规划。2022 年，《农业农村污染治理攻坚战行动方案（2021—2025 年）》发布，标志着农村生态环境治理体系得到了进一步的深化和完善。上述一系列具有里程碑意义的政策文件见证了我国农村环境治理工作持续改进和逐步升级完善的过程。

在这一阶段，我国农村环境治理相关政策与规划的出台达到空前密集的程度，标志着农村环境治理保护进入全面深化期（金书秦，2017）。这一时期的农村环境治理工作呈现出一些新的特征：一是生态环境质量稳步提升。经过长期努力，农村地区的水体、土壤、大气等环境质量获得明显改善，农村居民生活环境得到改观，生态环境整体呈向好趋势；二是农村环境治理工作部署呈现全面性和系统性，相关政策的前瞻性、详尽性与可操作性明显提升；三是将公众参与作为了农村环境治理核心内容，鼓励多元主体共同参与到环境保护工作。由过去政府单方面主导的治理模式逐步转变为多元主体协同合作、共同治理的新格局，突显各主体在环境保护中的重要角色和责任，有力地推进了农村生态环境治理体系和治理能力的现代化（张金俊，2018）。

表 7 - 1　农村环境治理各阶段部分政策梳理

阶段	发布年份	政策名称
	1963 年	《森林保护条例》
第一阶段	1965 年	《矿产资源保护试行条例》
	1973 年	《关于保护和改善环境的若干规定》

（续）

阶段	发布年份	政策名称
第二阶段	1979 年	《中华人民共和国环境保护法（试行）》
	1984 年	《关于加强乡镇、街道企业环境管理的规定》
	1985 年	《关于发展生态农业，加强农业生态环境保护工作的意见》
	1986 年	《中华人民共和国国民经济和社会发展第七个五年计划（1986—1990 年）》
	1989 年	《中华人民共和国环境保护法》
	1991 年	《关于进一步加强村镇建设工作请示的通知》
	1993 年	《中华人民共和国农业法》
	1993 年	《村庄和集镇规划建设管理条例》
	1999 年	《国家环境保护总局关于加强农村生态环境保护工作的若干意见》
第三阶段	2001 年	《国家环境保护"十五"计划》
	2001 年	《畜禽养殖业污染物排放标准》
	2007 年	《环境监测管理办法》
	2007 年	《关于加强农村环境保护工作的意见》
	2010 年	《全国农村环境连片整治工作指南（试行）》
	2011 年	《国民经济和社会发展第十二个五年规划纲要》
第四阶段	2013 年	《关于开展"美丽乡村"创建活动的意见》
	2014 年	《畜禽规模养殖污染防治条例》
	2014 年	《关于改善农村人居环境的指导意见》
	2015 年	《全国农业可持续发展规划（2015—2030 年）》
	2015 年	《生态文明体制改革总体方案》
	2018 年	《农业农村污染治理攻坚战行动计划》
	2018 年	《农村人居环境整治三年行动方案》
	2020 年	《关于构建现代环境治理体系的指导意见》
	2021 年	《农村人居环境整治提升五年行动方案（2021—2025 年）》
	2022 年	《农业农村污染治理攻坚战行动方案（2021—2025 年）》

二、我国农村环境治理的体系结构

1. 农村环境治理体系的定位

国家治理体系和治理能力现代化是全面深化改革的一项重要任务，旨在通过科学有效的制度设计、管理机制和技术手段创新，全面提升国家和社会各领域的治理效能。环境治理体系是其中不可或缺的重要内容之一，它涵盖了制定环境政策、监管环境污染、推动绿色发展和建设生态文明等核心领域。农村环境治理体系作为国家治理体系的重要组成部分，关乎农业可持续发展、农村社会稳定与农民福祉的提升。

新时代背景下，农村环境治理体系是将环境治理体系与农业农村治理体系紧密结合并相互作用所形成的复合型体系。具体来说，农村生态环境治理体系侧重于农业生产的生态化转型，包括农田土壤污染防控、农药化肥减量增效、水资源合理利用与保护、生物多样性维护、农村面源污染治理及生态系统修复等多个方面，以促进农业与自然环境和谐共生。农村人居环境整治的核心任务是优化农民生活质量，包括强化基础设施，例如垃圾和污水处理设施的建设与改造，提升住房条件标准，实施公共卫生环境深度清洁，推动绿化美化项目增进乡村景观，积极推广清洁能源使用等，旨在营造干净、整洁、宜居的乡村生活空间。

农村环境治理体系是一个全面的结构，它既涵盖了严格的环保监管与生态保护行动，也包括了众多旨在改善居住条件和提升生活品质的具体措施。该体系在顶层规划的指引下运行，依赖于多部门间的协同合作及多元化社会主体的共同参与，形成了一个整合性的环境治理体系。

2. 农村环境治理体系构成

（1）治理主体结构

在农村环境治理体系中，涉及的主体结构多元化，主要包括政府机构、工商企业、农民以及社会组织等多方力量。

①政府机构在农村环境治理中的作用。政府机构在农村环境治理工作中扮演着至关重要的角色，它不仅是政策体系的设计者、战略规划的擘画者和执行工作的推动者，同时亦肩负着对整个治理体系进行监督与管理的重大责任。政府履行其职责的过程实际上是一个涉及决策制定、执行落实及监督管控等多元环节相互交织、协同运作的复杂的系统工程（娄树旺，2016）。

首先，从政策制定者与规划者角度来看。政府负责从国家层面出发，制定具有战略性的环境治理总体方针政策，并确保付诸实践，为构建生态宜居、绿色可持续发展的新农村提供根本指导，从而为生态环境保护工作构筑坚实有力的顶层制度架构。同时，政府还负责推出一系列规范性文件、法律法规、标准和技术规范等通用治理规则，为农村环境污染治理提供明确的行为指导规范。此外，政府还承担着擘画农村环境治理的长远蓝图和阶段性目标的任务，以解决不同治理主体在实践过程中的具体行动方向问题。

其次，从环境治理工作实施者与倡导者角度看。政府作为多元环境治理体系的核心组织者与积极推动者，致力于构建一个以政府为核心枢纽，联动企业、农户和社会组织等多元化参与者协同合作的框架，旨在形成一种自上而下积极响应、各方横向紧密互动的高效环境保护与治理模式。在此过程中，政府通过整合和优化各类资源，推动农村基础设施建设，确保有足够的财政投入用于环境治理和生态修复项目，并承担起环境治理背后所需分摊的公共成本及其有效管理责任。同时，政府巧妙地结合运用行政指导策略与市场激励机制，双管齐下，推动农村环境治理工作稳健实施。

最后，从环境治理监督者与管理者角度看。政府负责制定和实施严格的环保法规政策，并通过建立完善的监管体系以确保政策有效执行。政府对农村地区的环境污染状况进行监测与评估，强化对农业生产和生活污染源的管控。政府还承担有督导农村环境保护项目实施、考核地方环保工作成效的责任，以确保农村环境质量持续改善。

②工商企业在农村环境治理中的作用。

首先，工商企业是农村环境治理的重要参与者。工商企业发挥着将环保政策和理念转化为实际行动的重要作用，农业企业、废弃物处理企业和环保技术企业等通过采用或提供绿色生产技术和管理模式等方式，直接深入参与农村环境治理的具体实践。例如，农业生产企业通过优化农业生产方式，减少化肥和农药的过度使用，从而能够有效降低对土壤和水资源的污染；污水垃圾处理企业运用环保技术有效实现废弃物的收集与处置，有助于农村整体环境质量的提升。

其次，工商企业是农村环境治理的重要执行者。各类企业必须严格遵守国家和地方制定的环保法规及行业标准，在生产经营活动中从源头减少和控制污染物排放，采取绿色生产方式，确保其活动不对农村生态环境造成破坏，履行环境保护的社会责任。

最后，工商企业为农村环境保护的实施提供了重要保障。我国鼓励和支持工商企业投资农村环保领域，参与农村基础设施建设与维护，为改善农村公共服务和环境条件提供坚实的物质基础。例如，建立废弃物资源化利用设施，推广节水灌溉系统，发展生物质能源设施等，这些项目的建设和运行有助于减少农村环境污染，从而构建宜居美丽乡村。

③农民在农村环境治理中的作用。农民是农村环境治理的直接参与者和最终受益者，是农村环境治理的主体力量。在生态环境治理方面，农民通过参与农田保护、水源涵养、植被恢复等具体工作，能够有效维护农村地区生态系统平衡。根据当地自然条件和农业生产实际，农户采取科学合理的种、养方式，能够减少对土地资源和水资源的污染及过度消耗。通过设立生态治理岗位，鼓励农户积极参与植树造林、湿地保护等生态修复项目，能够促进生态保护与农户增收双重效果的实现。此外，通过发展生态友好型农业，有助于农户依托绿色农业经营实现增收，并建设山青水美的乡村生态环境。

在人居环境改善方面，农民作为乡村核心力量，积极参与厕所革命、污水及垃圾治理，村容村貌整治活动，有助于村庄整体面貌的改善。作为生活在村庄中的主体，村庄环境卫生的好坏直接关系着农村居民自身的生活质量。随着对健康良好生活的向往，农民在农村环境治理中的角色发生了深刻转变，从过去被动地接受管理和规定要求，逐步转变为积极主动开展环境保护与治理行动。农民由"被他人管理"逐渐过渡到"积极响应参与"，进而实现向"主动承担治理责任"的角色跃升。

④社会组织在农村环境治理中的作用。社会组织以其公益性质和灵活机制，在环境保护领域扮演着至关重要的服务载体角色。社会组织开展环境教育，普及环保政策知识，宣传环境保护法律法规，并策划实施了一系列富有影响力的环保活动。

一方面，在农村生态环境治理工作中，社会组织发挥了协调者、服务者以及监督者的多重功能。社会组织与地方政府密切合作，共同解决农村生态环境保护中的各种复杂问题，还通过提供技术支持、项目规划和资金援助等方式，助力农村生态环境的改善和维护。另一方面，在推动农村人居环境质量提升方面，社会组织同样发挥了不可或缺的关键作用。社会组织积极参与农村基础设施建设与改造工程，改善农村生活条件和卫生环境；乡村基层社会组织还策划了诸如乡村美化、村容村貌提升等活动，进一步提高了农村整体环境品质。

从农村生态环境保护到人居环境改善，社会组织通过多元化的参与方式和务实有效的行动策略，既补充了政府职能，又激发了广大农民及社会各界人士的积极性，有力推动了农村环境治理体系的完善和生态文明建设的深入发展。

⑤各治理主体间的关系。政府在农村环境治理中发挥着核心的指导、监管和服务作用，通过制定和实施环保政策以及法律法规来规范各类主体的行为，并运用激励机制鼓励企业和农民等其他社会力量积极参与环境保护工作。企业作为市场运营主体，在接受政府严格环保监管的同时，积极履行社会责任，与农民携手合作推广绿色农业技术和废弃物资源化利用方案，以技术创新推动农业生产方式的转变和农村生态环境的改善。农民在政府引导下提升环保意识并付诸实践行动，同时借助企业的技术和经济支持，共同参与到农村环境治理的具体项目中。社会组织则扮演了重要补充角色，它们在政府指导下可能承担某些项目的执行任务，直接与农民合作进行实地操作，同时也监督企业行为，确保其环保承诺得到落实，并通过多元化的合作模式，整合各方资源，共同努力实现农村环境质量的持续提升和社会效益的最大化。

（2）治理制度结构

农村环境治理制度结构涵盖了多个方面，主要包括法律法规体系、公众参与机制和奖惩激励制度等。

首先，农村环境治理法律法规体系是保障农村环保工作有序高效运作的基石。根据农村地区特性和实际需求，我国不断完善农村环境治理相关法规制度架构，制定了涵盖基本法、专项法以及配套法规在内的综合性法律体系。基础性法规确立了我国环境治理的根本理念，为所有工作设定了基调和工作原则；针对农村环境的专项法律法规，则明确规定了治理主体的权利义务及职责范围，精准服务于农村环境治理实践；一系列配套法规则为具体环保工作的实施提供了详细的操作指南和规范。

其次，公众参与机制为整合多方力量实现共治提供了重要手段。一是在决策层面上的公众参与制度。该制度赋予农民在本村环境问题上决策、监督与评价的权利和责任，增强农户的归属感和主人翁意识。二是行动层面的公众参与机制。这一机制鼓励并支持村民直接投身于各类环境保护项目，通过亲身实践以改善本地生态环境。三是监督层面的公众参与途径。政府积极建立环境污染举报制度，利用现代化信息技术建立监督反馈平台，激励广大公众及时发现并揭露环境违法行为，形成社会共同监督的强大合力。

最后，健全的奖惩制度对农村环境治理具有重要推动作用。奖惩制度的作用主要体现为正向激励和负向约束两个方面。一是在正向激励方面，表彰奖励环保工作中的优秀个人、家庭、集体或企业，鼓励绿色生产和生活方式，并通过财政补贴、生态补偿、税收减免和信贷优惠等政策，支持采用环保技术和实践循环经济的农户及企业。二是在负向约束方面，建立严格的责任追究机制，严肃追责未履行环保职责和违反法规者，公开污染源信息及查处结果，发动社会公众监督环境污染行为，给予举报者适当奖励，增强社会监督效能。

（3）治理监管结构

治理监管体系的核心内容涵盖了监管体制构建、监督考核机制确立和监测体系完善等众多方面。

首先，在监管体制层面。生态环境部与农业农村部作为国家层面主导农村环境保护和农业发展的关键部门，二者密切配合、信息共享，共同承担起对农村生态环境保护和人居环境改善工作的指导和监督职责。生态环境部主要关注农村生态系统的保护与修复，包括农田土壤污染防治、水源地保护、生物多样性维护等生态方面的工作；而农业农村部则侧重于推动农业生产绿色转型，加强农业面源污染控制，提升农村生活垃圾处理能力和生活污水处理效能等方面的治理建设。

其次，在监督考核机制层面。我国已建立了一套科学严谨的评价体系，通过明确农村生态环境治理和农村人居环境整治具体指标和任务要求，定期对各级地方政府及其相关部门的工作成效进行评估和考核。成熟的监督考核机制不仅强化了责任落实，而且将农村环保工作绩效纳入地方党政领导班子考核范围，有效激发了各地推进农村环境治理的积极性和主动性。

最后，在监测体系方面。监测体系的建设和优化是保障农村环境治理工作实效性的重要基础。一方面，生态环境监测体系对农村地区自然生态系统、大气、水质、土壤等生态要素进行了全面、动态、持续的监测，确保及时发现并预警生态风险，为制定合理的生态保护措施提供科学依据。另一方面，污染排放监测则集中于农业生产活动产生的污染源，如农药化肥过量使用、畜禽粪污集中排放等导致的面源污染，以及农村生活污水和垃圾处理过程中可能产生的点源污染，通过严格的实时监控和检测，确保各类污染物排放达到相关标准，从而切实改善农村环境，促进人与自然和谐共生。

（4）治理策略手段

在构建农村环境治理体系过程中，政府采取多元化策略与手段，全方位推动农村人居环境整治和生态建设的深入发展。

一是在资金投入方面。通过建立多元化投融资体系，设立专项环保款项、提供财政补贴、低息贷款以及税收优惠政策等，鼓励工商企业投资环保项目，并以金融扶持政策激活市场活力，保障污水处理设施、垃圾处理系统、厕所改造、村容整治项目等农村环境基础设施的有效建设和运营。

二是在基础设施建设维度方面。不断强化农村公共服务设施资金投入和优化升级，并重点关注直接影响农村居民生活质量的关键领域。加大投资改善农村饮水安全设施，确保农民能够获得清洁、健康的饮用水源；大力构建和完善农村生活垃圾收集与转运系统，有效解决农村固废处理难题；积极推进生活污水处理设施建设，减少未经处理的生活污水直接排放带来的环境污染。

三是在农村环境信用体系方面。针对农户群体，逐步建立起一套科学严谨的信用评价机制，并将环保行为纳入其中，通过信用积分、评级等方式激励农户遵守环保规定，积极参与环保行动。同时，对企业环保违法行为进行系统化管理，建立信息数据库，强化企业环保责任监督，确保其严格遵循环保法律法规要求。

四是在农村环保教育体系方面。通过举办各类培训课程、宣传活动等形式，普及环保知识，提升农民群众的环保意识与参与能力，发动广大村民积极参与乡村环境治理，共同推进乡村生态环境和居住条件的显著改善。

三、我国农村环境治理的发展方向

我国农村环境治理的未来愿景旨在依托先进的治理体系和不断提升的治理效能，全面推动农业农村现代化进程，确保乡村具备与现代经济社会发展相接轨的高效治理结构。农村环境治理的核心目标是营造宜居宜业和谐美丽的乡村生活环境，致力于将农村建设成为集生态优良、产业发展与社会治理于一体的新时代美丽乡村。党的二十大报告提出的建设"宜居宜业和美乡村"，是对中国式农业农村现代化愿景的最新概括，是在百年探索基础上对中国乡村现代化认识升华的集中体现（王亚华，王博，2023）。

农村生态环境的持续提升和农村人居环境的整体改善，是乡村振兴宏伟蓝图中不可或缺的两大基石，同时也是构建宜居宜业和谐美丽乡村目标的共同聚焦点。

1. 农村生态环境治理的发展方向

根据生态环境部、农业农村部等七部委共同编制印发的《"十四五"土壤、地下水和农村生态环境保护规划》，我国农村生态环境治理的总体战略是全面提升环境质量，把握减污降碳协同增效总要求，坚持稳中求进总基调，坚持保护优先、预防为主、风险管控，突出精准治污、科学治污、依法治污，解决一批土壤、地下水和农业农村突出生态环境问题，保障农产品质量安全、地下水生态环境安全，推动建设生态宜居美丽乡村，为建设人与自然和谐共生的现代化作出新贡献。

未来我国农村生态环境治理工作主要分为两个阶段。一是到 2025 年，全国土壤和地下水环境质量总体保持稳定，受污染耕地和重点建设用地安全利用得到巩固提升；农业面源污染得到初步管控，农村环境基础设施建设稳步推进，农村生态环境持续改善。二是到 2035 年，全国土壤和地下水环境质量稳中向好，农用地和重点建设用地土壤环境安全得到有效保障，土壤环境风险得到全面管控；农业面源污染得到遏制，农村环境基础设施得到完善，农村生态环境根本好转。

（1）现代农业转型与绿色发展，科技驱动资源高效利用

农业生产体系全面现代化，吸纳更多现代要素投入农业生产，并提升整体技术水平和组织管理模式。通过农业科技创新、优化经营策略及促进产业深度整合，强化科技对农业生产的驱动作用，同时积极引进并应用先进的环保技术与管理经验。至 2025 年，计划将持续减少化肥农药使用量，确保核心农作物的化肥、农药利用效率均达到 43％以上，努力提高农膜回收率至 85％，秸秆综合利用率达到 86％以上，畜禽粪污综合利用率达到 80％以上，以实现资源高效利用和环境友好型农业。2035 年，力求全国农膜回收基本实现全覆盖，使农田地膜残留总量显著下降直至负增长，从而确保"白色污染"问题在农田得到有效解决和严格控制。

（2）生态治理与乡村振兴并举，绿水青山向金山银山转化

农村生态环境建设的战略目标在于，通过完善环境保护政策的顶层制度设计，坚守山水林田湖草沙生态整体性原则，构建绿水青山与金山银山价值转换

无缝衔接机制。乡村产业将实现绿色发展与生态环境治理的高度契合，确保两者协同推进；农村环境整治标准和效能将达到新高度，农业面源污染问题得到有效控制并逐步减轻，推动农村生态环境质量持续优化升级。让绿水青山的生态资源实实在在转化为经济效益，确保自然资本得到合理回报，为乡村振兴提供可持续发展的绿色动力。

（3）生态文明理念普及化，农民生活方式绿色转型

乡村生态文明建设不断加强，农民的生产活动与生态观念日益进步，更加注重资源节约和高效利用。乡村绿色生活方式成为村民生活模式及价值观更新的主要通道。倡导绿色生活意识，鼓励村民将绿色理念落实到日常行为中，引导形成绿色消费模式；大力支持村民主动实施节水、节能措施，以及有效回收利用废弃物等环保行动。培养农民群体健康环保习惯，构筑以节约资源、适度消费、崇尚健康为特点的全新乡村绿色生活方式。

（4）数字技术引领创新驱动，智慧农业与生态监管双升级

智能技术与农业发展深度融合，打造数字化农业新业态。运用农业农村大数据体系及物联网、大数据、人工智能、区块链等先进技术，深度融合现代农业生产运营。打造数字田园、智慧灌区和智能农场，提升农业生产效率。数字化乡村建设支持生态系统全面监测预警，依托智能化监控网络与数据分析预测能力，全面提升生态环境监管效能，以数字化为第一驱动力，推进智能农业和设施农业的有机结合。

2. 农村人居环境整治的发展方向

农村人居环境的整体改善和升级是乡村振兴战略的核心要务之一，也是构建宜居宜业和美乡村不可或缺的组成部分。根据中共中央办公厅、国务院办公厅印发的《农村人居环境整治提升五年行动方案（2021—2025年）》来看，我国农村人居环境整治的总体战略是践行绿水青山就是金山银山的理念，深入学习推广浙江"千村示范、万村整治"工程经验，以农村厕所革命、生活污水垃圾治理、村容村貌提升为重点，巩固拓展农村人居环境整治三年行动成果，全面提升农村人居环境质量，为全面推进乡村振兴、加快农业农村现代化、建设美丽中国提供有力支撑。具体工作原则强调，坚持因地制宜，突出分类施策；坚持规划先行，突出统筹推进；坚持立足农村，突出乡土特色；坚持问需于民，突出农民主体；坚持持续推进，突出健全机制。

到2025年，全国农村人居环境显著改善，生态宜居美丽乡村建设取得新进步。农村卫生厕所普及率稳步提高，厕所粪污基本得到有效处理；农村生活污水治理率不断提升，乱倒乱排得到管控；农村生活垃圾无害化处理水平明显提升，有条件的村庄实现生活垃圾分类、源头减量；农村人居环境整治水平显著提升，长效管护机制基本建立。

（1）积极开展厕所革命，构建循环生态

全面推进因地制宜的农村厕所革命，重点提升中西部农村户厕改造水平，推动新建或改建厕所与居民住宅内部或院落一体化设计。建立健全常态化的改厕技术服务体系和全程质量监管机制。全面推进农村厕所革命，强化农村户用卫生厕所改建和公共厕所建设。到2025年，农村卫生厕所普及率增至75％以上，2035年农村卫生厕所普及率将达到90％以上。深化推进厕所粪污治理与资源转化，采用高效无害化处理设施对厕所废弃物进行升级处理。着力推动畜禽养殖废弃物的高效率回收再利用，强化种植业与养殖业之间的协同效应，以期实现农牧业生态循环体系的构建与发展。

（2）大力推进污水治理，实现水体清澈

大力开展农村生活污水治理工作。2025年，全国农村生活污水治理工作计划实现40％的处理覆盖率；2035年，努力将农村生活污水处理率提升至80％以上。为达成这些目标，各地将根据自身地理条件和环境特点采取因地制宜的策略，对生活污水实行分类分区域管理及治理。通过技术创新解决农村黑臭水体问题，力求基本根除大面积存在的黑臭水体现象，推动农村水环境的整体系统性整治。同时，致力构建一个能够全面覆盖所有农村地域，集污水收集、处理与安全排放于一体的综合管理系统，以持续改善水质状况并强化水域生态系统功能。进一步完善生活污水治理的相关标准和技术规范，切实提高我国农村地区的生活污水治理效率和质量。

（3）着力实施源头减量，开展全程管控

系统性提升农村生活垃圾管理效能。在全国农村全面实施生活垃圾就地分类与源头减量策略，显著降低垃圾产生总量；推动农村生活垃圾资源化利用进程，鼓励因地制宜地选择和采用适合本地条件的垃圾处理技术；大力推广垃圾分类减量化行动，引导农民积极参与并提高其分类意识，确保分类准确性逐步提升。2025年，努力建成一个覆盖全国所有行政村的农村生活垃圾收运处置体系，实现从源头到末端治理的全程高效管控。

（4）努力建设洁净村庄，美化乡村风貌

努力提升村容村貌，建设宜美乡村环境。一是改善村庄公共环境。全面清理私搭乱建、乱堆乱放，整治残垣断壁，通过集约利用村庄内部闲置土地等方式扩大村庄公共空间；科学管控农村生产生活用火，加强农村电力线、通信线、广播电视线"三线"维护梳理工作；健全村庄应急管理体系，合理布局应急避难场所和防汛、消防等救灾设施设备，畅通安全通道；整治农村户外广告，规范发布内容和设置行为；关注特殊人群需求，有条件的地方开展农村无障碍环境建设。二是推进乡村绿化美化。深入实施乡村绿化美化行动，突出保护乡村山体田园、河湖湿地、原生植被、古树名木等，因地制宜开展荒山荒地荒滩绿化,加强农田防护林建设和修复;引导鼓励村民通过栽植果蔬、花木等开展庭院绿化,通过农村"四旁"(水旁、路旁、村旁、宅旁)植树推进村庄绿化,充分利用荒地、废弃地、边角地等开展村庄小微公园和公共绿地建设。三是加强乡村风貌引导。大力推进村庄整治和庭院整治,编制村容村貌提升导则,优化村庄生产生活生态空间,促进村庄形态与自然环境、传统文化相得益彰;加强村庄风貌引导,突出乡土特色和地域特点,不搞千村一面,不搞大拆大建;弘扬优秀农耕文化,加强传统村落和历史文化名村名镇保护,积极推进传统村落挂牌保护,建立动态管理机制。

第八章 农村环境治理的挑战：国际经验与对我国的启示

一、农村环境治理的现状与问题

随着经济的飞速发展，我国城乡差距逐渐缩小，农村经济社会建设取得显著成效。然而，由于农村环境治理体系建设起步较晚，治理制度建设相对滞后、治理主体缺乏多元化、政策思路碎片化等不足仍待解决（杜焱强，2019），农村环境治理问题成为社会广泛关注的热点议题。在新时代背景下，农村环境治理不仅关乎农民的生活品质，更是关乎国家生态文明建设的重要组成部分。在过去的几十年里，我国农村在取得经济建设显著成果的同时，也暴露出许多环境问题，水源污染、土壤污染与生活环境脏乱差等情况日益增加，这些问题严重威胁到农民的生活品质和身体健康，制约了农村的可持续发展。此外，农村环境质量对我国生态环境整体有着举足轻重的影响。农村是重要的生态屏障，保护好农村生态环境，有利于维护国家生态安全；同时，农村生态环境的好坏直接影响到农业生产的稳定和粮食安全问题，关系到国家发展的基石。因此，加强农村环境治理，改善农村环境状况，对于提高农民生活质量，推动国家生态文明建设具有重要意义。

全球各国在发展过程中都面临着农村环境治理问题，总结和梳理这些问题，有助于我国在农村环境治理过程中对照发现不足与可能遇到的难点，进而从全球视角总结经验，在避免类似问题的同时，加快推进农村环境治理工作取得成效。

1. 农村环境基础设施薄弱

基础设施薄弱是很多国家在农村环境治理过程中遇到的共同问题。由于历史、经济和社会等多重因素的交织，很多国家农村地区在基础设施建设方面明显滞后，包括垃圾处理、污水处理以及卫生设施等方面存在明显不足。垃圾处理设施的严重不足，导致垃圾处置主要依靠简单填埋，缺乏科学的分类和处理方式，不仅占用了大量的土地资源，还可能因为垃圾中的有毒物质渗入土壤和地下水，造成环境污染。同时，污水处理设施的缺乏也是一个突出问题。由于缺乏排水与污水处理系统，农村地区的污水往往随意排放，既污染了环境，又影响了居民的生活用水安全；尤其是在雨季，污水和雨水混合后，易造成污染问题的进一步扩散。除此之外，部分国家农村地区的卫生设施存在严重不足，致使很多农村居民的卫生问题得不到有效改善，加剧了环境污染和疾病传播的风险。上述情况在部分欠发达地区尤为严重，农村的疾病蔓延和环境恶化情况明显；发达国家也存在类似问题，部分地区由于工业污染，地下水资源受到影响，但由于缺乏相应的治理设施，水质问题一直得不到有效解决。

2. 农业污染问题严重

农业生产可能导致农村环境污染的发生，这一问题日益受到世界各国的广泛关注。首先，过度使用化肥和农药会导致土壤和水源的污染问题。化肥和农药的合理使用能够提高农作物产量，但过量使用后这些化学物质会改变土壤的物理和化学性质，影响土壤肥力。同时，过量的化肥和农药通过地表径流和渗透作用进入水源，会导致水质污染，影响人类健康和生态系统平衡。

其次，养殖业发展带来的大量畜禽粪便和废水是农村环境污染的又一重要来源。随着养殖业的快速发展，畜禽粪便大量集中产生，如果处理不当，将对环境产生严重影响。畜禽粪便中含有大量有机物和营养物质，如果不进行妥善处理，会导致土壤和水体富营养化；粪便中还可能含有各类病原体，污染环境后易引发人畜共患病。以日本为例，部分地区的养猪场和养鸡场因为粪便处理设施不完善，导致周边环境恶化，出现人畜共患病情况。

最后，农业活动导致的空气污染问题日益凸显。以秸秆为例，作为农作物收获后的残留物，秸秆过去常被用作肥料或燃料使用。然而，随着农业技术和生活水平的提高，机械化施肥技术与天然气、电力等多种能源的使用，使得秸秆的肥料与燃料功能逐渐被取代，大量秸秆在农田里被焚烧处理，加剧了空气污染问题的产生。

3. 环境保护意识不足

在广大的农村地区，人们对环境保护的意识普遍缺乏，这使得他们在日常生活中很容易忽视环境问题。农村地区的教育水平相对较低，这使得农民对环境保护的认识和理解能力有限，很多农民不清楚如何正确处理生活垃圾和污水，对化肥和农药的施用量往往也仅凭经验来把握，这种环保意识的缺失，使得他们在生产生活中易产生环境污染问题。同时，农村地区的信息渠道相对不畅，导致农民获取环保知识的途径有限，不能很好地了解环境保护的重要性，以及环境污染对生产生活的不利影响，因而在日常生产和生活中往往也就不会主动考虑环保因素，增加了环境问题产生的可能性。

4. 缺乏有效环境监管机制

相较城市地区而言，农村地区的环境监管机制普遍较弱，这无疑加剧了农村环境问题发生的可能性。在发展中国家，受经济发展水平和科技实力的限制，农村地区的环境监管力度往往较为薄弱，部分企业或个人为了追求短期经济利益，很多时候会忽视环境保护法律法规，采取非法排放废水、倾倒垃圾等手段以逃避废弃物处理责任，对农村环境造成严重破坏，这些行为不仅威胁了农民的身体健康，也损害了农村经济的长期发展潜力。此外，也有研究指出，政府出于经济发展的顾虑，可能与排污企业存在"合谋"的风险，即以环境为代价吸引重污染企业在本地建厂，放松环保监管。发达国家也有类似情况，虽然这些国家的环境监管体系相对较为完善，但由于农村地区地广人稀，监管力量仍相对薄弱，导致了一些监管盲区的存在，部分企业或个人利用监管盲区的漏洞非法排污、倾倒垃圾等，加剧了农村环境污染问题。

5. 经济发展与环境保护的矛盾

在农村地区，经济发展与环境保护之间的矛盾日益凸显。经济发展是提高人民生活水平、促进社会进步的重要手段；环境保护则是保障人民身体健康、维护生态平衡的基石。然而，在经济发展与环境保护两者之间，往往存在着一些难以调和的矛盾。为了追求短期的经济增长，人们可能会忽视环境保护，导致环境问题的加剧，这种现象在农村地区尤为明显。此外，由于农业生产、农村工业化和城市化进程中的污染问题往往交织在一起，使得环境保护面临更大的挑战。例如，在一些发展中国家，为了刺激当地经济发展，政府可能会引进一些高污染、高能耗的企业，这些企业的发展虽然带动了地区经济繁荣，但其生产活动却给当地环境带来了严重污染和破坏，居民健康受到威胁。同时，农村地区的生态环境相较城市更为脆弱，一旦遭受破坏，修复难度更大。因此，在经济发展与环境保护之间，如何找到一个平衡点以实现可持续发展，成为农村环境治理过程中经常需要面对的一项重要挑战。

二、农村环境治理的国际经验

近年来，我国政府高度重视农村环境治理问题并取得显著成效，农村生态环境与人居环境状况获得极大改善。然而，由于我国农村地域广袤、人口基数大，农村环境污染问题依然严峻，有效治理农村环境仍是我国乡村振兴战略中的重点任务。从全球范围看，世界各国在治理农村环境方面采取了多种措施，通过立法、规划、技术等多种手段，开展了卓有成效的工作，积累了较丰富的实践经验。为此，探讨总结国际治理经验，对于我国进一步加强农村环境治理工作具有一定启示意义。

1. 环境治理与农业发展相结合

作为社会经济的基础产业，农业的发展状况直接关系到国计民生。然而，农业生产过程中存在较大的环境污染风险，对农业的可持续发展以及环境的良性循环造成严重威胁。为此，世界各国高度重视农业发展与环境治理二者间的协调同步，以期将环境治理与农业生产相结合，走绿色发展之路，实现农业农村的可持续发展。以日本为例，在可持续农业的相关实践中，日本政府陆续提出了生态农业、再生农业、有机农业和生态农业循环模式等各类农业可持续发展途径，包括通过以生态学原理为基础，减少化肥农药使用量；通过有机肥料使用，保护土壤健康与微生物繁殖，保持生物多样性；降低农业生产过程中的废弃物排放量，提高资源利用效率，促进循环经济发展；对有机农业生产流程进行规范化，开展有机农产品认证等具体内容（Qiu et al.，2013）。通过一系列措施的实施，日本较好地推动了农业生产与环境保护的协调发展。

　　总体来看，学者们基于国内外研究经验，充分肯定了环境治理与农业生产相结合的发展思路，并提出一系列对策建议，主要包括：一是推广绿色农业生产技术，普及环保型农药、化肥的使用，降低农业生产过程中的污染物排放，减少农业生产对环境的破坏，同时提高农作物的产量和质量，保障粮食安全（黄祖辉 等，2016）。二是加强农业废弃物处理，鼓励农民积极使用有机肥，提高农业废弃物资源化利用率，减少环境污染，从而降低农业生产成本、提高农业效益；以及有效防治土壤退化，提升土壤肥力（李芬妮 等，2019）。三是实施水土保持工程，加大水土流失防治力度，防止土地荒漠化，提高土地的永续利用能力。四是推进农业节水灌溉，推广节水灌溉技术，提高水资源利用效率，降低水污染风险，缓解水资源紧张状况，有效保护水资源。五是落实农村人居环境保护政策，有效治理农村生活污水、生活垃圾等污染源，改善农村人居环境，提高农民生活质量，促进农村经济发展（王学婷 等，2019）。六是加强农村生态环境保护，强化农业面源污染治理，保护生物多样性，改善农业生产环境，维护生态平衡。

2. 强化资金投入与技术支持

　　资金投入是保障农村环境治理工作顺利进行的关键，技术支持则是提高治理效果的重要手段。在当前全球环境治理的背景下，各国政府纷纷采取各类措施加大对农村环境治理的资金投入和技术支持。

　　首先，在资金投入方面，各国政府正在努力确保农村环境治理工作获得足够的资金支持。例如，德国政府设立了"农村环境整治基金"，旨在支持农村环境治理项目，这种做法不仅为农村环境治理提供了充足的资金保障，还激发了社会各界参与农村环境治理的积极性。日本政府高度重视农村环境治理资金问题，通过预算安排，对农村环境治理给予财政保障，有力推动了农村环境治理工作的开展。其次，在技术支持方面，各国政府积极引进和推广先进的农村环境治理技术，以提高治理效果。例如，荷兰通过引进"湿地净化技术"治理农村水污染，不仅较好地恢复了农村水体的生态功能，还极大地保障了农村居民的生活用水安全，取得了良好的技术治理效果。此外，欧盟各国政府间还通过多种方式广泛开展国际合作，共享农村环境治理的经验和技术，通过开展多层次、多领域合作，促进了各国间治理技术的交流与学习，促进了农村环境治理技术水平的提高。

3. 完善环境监测系统建设

有效了解环境基本状况以及准确掌握环境变动趋势，是有效开展农村环境治理工作的重要前提。在治理过程中，各国政府都高度重视农村环境监测评估系统的建设，在结合自身农村环境特点的基础上，建立了各具特色的农村环境监测评估体系，为治理工作的开展提供了有效的数据支持。

美国作为全球科技领先的发达国家，充分利用卫星遥感技术对农村生态环境进行实时监测。这种技术具有覆盖范围广、数据准确性高、预警及时等优点，能够及时发现农村环境问题，从而迅速制定针对性的治理措施。通过这种方式，美国农村环境治理工作具有较强的针对性与时效性，取得了显著的治理成效，农村生态环境得到有效保护。日本在农村环境治理方面也有着自己的独特做法，日本政府建立了专门的农村环境治理成效评估制度，对全国各地农村环境治理工作进行定期评估，以确保治理措施的落实和成效；通过实施这一制度，日本政府能够全面掌握农村环境治理的实际情况，发现问题并督促相关部门及时整改，从而提高农村环境治理的整体水平。

4. 加大宣传教育力度和引导村民参与

许多国家在面对农村环境治理问题时，采取了加大宣传教育力度、引导村民参与治理的方法，取得了良好的治理效果。首先，在农村环境治理过程中，宣传教育有助于提升农户的环境保护认知，充分了解政府环保补贴等各类环境政策，从而增进农户的环境治理参与意愿，提高农户的参与度与治理满意度（唐林 等，2020；黄华，姚顺波，2021），为后续环境治理打下坚实的基础。其次，引导村民参与农村环境治理是实现有效治理的关键。作为农村生产生活的主体，村民往往最为清楚农村的环境问题，并对治理措施效果有着相对准确的判断，村民参与有助于针对污染问题精准施策；同时，通过村民监督还能有效解决规则约束中的监督机制失效问题，从而保障治理效果。

日本在农村环境治理中，注重通过各种渠道向村民传播环保理念。日本政府在农村地区设立了大量的环保教育基地，通过展示环境污染的危害和环境保护的作用，让农民更加直观地认识到环境保护的重要性；同时，日本还通过学校、社区等途径，将环保教育融入日常生活中，使环保成为农民的一种生活习惯。欧盟将绿色低碳教育作为优先事项，提出绿色低碳教育的目标是通过一种整体性的方法来改变个人、学校和教育组织，就绿色转型所带来教育领域的深刻变革达成共识，旨在培养绿色可持续发展思维，在各级学校和教学体系中贯穿绿色生态的发展理念，帮助学习者掌握一定的知识、技能和态度，以助于他们成为变革的推动者，为塑造地球生态做出积极贡献。为此，欧盟委员会要求成员国将绿色低碳理念纳入国民教育课程体系，并在近年来相继出台了《关于欧洲绿色协议的大学愿景》《关于绿色转型与可持续发展学习的理事会建议提案》《欧洲绿色可持续性能力框架》等政策文件，推动了绿色可持续教育理念的发展，逐渐构建了绿色低碳教育体系。

5. 推动多元主体协同共治

农村环境治理是一个多元主体协同共治的过程，政府、企业、农民和社会组织等多元主体协同治理，有利于推进各主体互惠共生（张平，隋永强，2015）。实际上，协同在多个领域都存在需求，例如城乡协同共治，多元主体协同共治，农业环境协同发展，环境治理协同共享等。农村环境治理的复杂性决定了包括政府在内的任何单一主体都无法独自完成治理的全部工作，表明农村环境治理是一个需要多元主体共同参与的活动（叶大凤，马云丽，2018）。

环境治理问题具有跨界性、综合性、长期性等特点，单一主体或地区的治理往往难以取得预期效果。因此，推动环境协同共治成为解决环境问题的重要途径，世界各国多注重发挥政府、企业、农民等多元主体的共同参与。美国在多元化合作治理方面积累了较丰富的实践经验，通过政府与企业、非政府组织和公民个人共同参与环境治理，形成了公私合作伙伴关系，这种合作关系提高了治理效率，降低了治理成本；在环保教育上，政府、学校、企业、家庭和社会也共同参与，政府作为环境治理的主导力量，承担制定政策、规划、监管和协调等职责；企业则承担社会责任，加强自律，转变发展模式，走绿色发展道路；农民作为农业生产主体，通过转变传统生产方式，发展绿色农业，减少对环境的负担。此外，世界各国也通过国际间协作，共同应对全球性环境问题。例如，通过定期召开国际会议、签订多边协议、分享治理经验和技术等方式，推动全球环境治理的协同发展；通过加强环境教育，提高公众的环保意识和参与度，形成人人关心环境、共同保护地球的良好氛围等。总体来看，协同共治已成为世界各国在农村环境治理领域的共识。

三、对我国农村环境治理的启示

改革开放以来，我国农村环境治理取得了巨大成就，但也面临着一些问题和挑战，存在农村经济发展与环境保护不平衡、环境执法难度大、群众环保意识不高等问题。为此，在有效了解国外农村环境治理过程中面临的各类问题以及相应解决对策的基础上，从国外治理实践中汲取有益经验，将有助于我国在农村环境治理过程中形成前瞻性判断，构建更加科学合理的环境治理体系。

1. 顶层设计与全面落实相衔接

农村环境治理的有效开展离不开顶层制度设计与基层实践落实两方面的有效衔接。顶层设计是对环境保护工作的总体规划和战略布局，全面落实则是将这一规划具体化为实际操作的步骤和措施。秉承顶层设计与全面落实紧密结合的原则，既是我国在环境保护工作中全局观念和执行力的体现，又是实现环境保护治理效果的重要基础。

一是在顶层设计方面，我国应高度重视环境保护的宏观战略规划。环境保护不仅关乎国家的可持续发展，更关系到人民群众的生活质量和生存环境，在国家层面确立环境保护的总体战略和目标，有助于明晰治理工作的总体方向，为广大人民群众创造一个绿色、和谐、可持续的生活环境。二是在全面落实方面，各级政府和相关部门要严格按照国家制定的环境保护战略目标，细化分解任务，制定具体的实施方案和措施，通过各级政府及相关部门的协同配合，确保环境保护工作落地生根。三是要加强监督检查，确保各项政策措施的贯彻落实，对环境保护工作的实施情况进行定期评估，及时发现问题并进行整改。

为贯彻顶层设计与全面落实相衔接原则，应在环境保护工作中注重政策创新和制度建设。一是根据我国农村环境治理需求以及国内外实践经验，不断完善环境保护政策体系，为治理工作的开展提供有力的制度保障。二是加强环境保护法治建设，依法惩处环境违法行为，确保环境保护法规的严格执行。三是强化宣传教育，提高全民环境保护意识，引导农民等治理主体树立绿色生活观念，从源头上减少环境污染。四是加强国际合作，引进国外先进的环境保护技术，共同应对全球环境问题。总体来看，坚持顶层设计与全面落实相衔接原则，能够体现我国在环境保护工作中的战略眼光和务实作风，有助于推进环境保护工作的全面发展，为人民群众创造一个良好的生产生活环境。

2. 乡村振兴与产业转型相融合

乡村振兴与产业转型是我国新时期农村发展的重要任务。在推进乡村振兴过程中，我国政府应充分考虑环境保护因素，将环境保护与农村经济发展相结合，利用产业转型带动农村的绿色可持续发展，实现乡村全面振兴。为了实现这一目标，我国应积极推动农村产业绿色转型，鼓励发展循环农业、绿色农业、生态旅游等产业，在提高农民收入的过程中构建良好的农村环境，促进农村经济的健康可持续发展。

一是在乡村振兴进程中要充分认识到环境保护的重要性。在政策制定和实施时，将环境保护与农村经济发展紧密结合，确保乡村振兴过程中生态环境得到有效保护和改善，这一理念应贯穿于乡村振兴的各个方面和阶段，从而为农村经济的绿色可持续发展奠定坚实基础。二是应积极推动产业转型，引导农村经济向绿色、生态方向转型升级。作为现代农业的重要方向，绿色农业通过科技创新和产业结构调整，能够有效提高农业生产效率，降低农药、化肥使用量，保障粮食安全，实现农业的可持续发展。三是依托农业绿色发展成效带动农民增收致富。通过农业绿色转型契机，进一步扩展农民增收渠道。例如，发展生态旅游，充分利用农村自然生态资源和特色文化吸引城市游客，依托乡村旅游业发展带动农民增收；开展绿色产业培训，提高农民的环保意识和生产技能，帮助他们向现代农民转型。总之，在推进乡村振兴与产业转型的过程中，应始终坚持绿色发展理念，努力实现农村经济发展与环境保护相协调，通过发展绿色农业、生态旅游等产业，提高农民收入。

3. 科技支撑与数字赋能相促进

在新时代背景下，科技支撑与数字赋能已成为环境保护工作的重要支柱。为了提高环境保护工作的效率和水平，应充分利用科技创新和数字化手段推动环境治理工作不断取得突破。

一是加快环保设备研发。研发高效能低排放的环保设备，降低工业污染排放，提升环境质量。二是大力发展数字化环保技术。借助现代信息技术，例如物联网、云计算、人工智能等，构建环境保护大数据平台，实时监测各地环境质量，为政府决策提供科学依据，助力精准治污。三是科技支撑与数字赋能相促进，推动环境保护工作向纵深发展。通过数据分析，及时发现环境问题症结所在，制定针对性治理措施；利用数字化手段，加强对环境违法行为的监管，严惩环境犯罪。四是加强国际间科技合作。引进国外先进环保技术和成熟管理经验，为国内环境治理工作提供有益借鉴；同时，积极参与全球环保事务，为全球环境保护贡献中国智慧和力量。总之，我国在环境保护工作中，应充分发挥科技支撑与数字赋能的作用，不断提升环境保护工作能力和水平。

4. 引导宣教和村民参与相结合

环境保护工作不仅是政府和社会组织的责任，更是每一个公民，尤其是农村居民的共同使命。因此，要通过多渠道环保教育宣传，激发农民环保意识，鼓励村民积极参与环保工作。

一是要积极开展多种形式的环保宣传教育活动，让广大农村居民认识到环境保护的重要性，了解环境污染的严重后果，理解保护环境对农村生活及社会发展的深远影响。二是通过宣传教育，向农民传授环保知识和技能。开展宣传教育活动，不仅是帮助农民养成良好的环保习惯，还要鼓励村民参与到环保工作中，包括参与环保政策的制定、环境监测、生态修复等具体项目；通过亲身参与，农民能够更加深入地理解环保工作的艰巨性和紧迫性，增强环保责任感；同时，广泛参与也为环保工作提供了有力的群众基础，有助于形成全社会共同治理环境的良好氛围。三是通过资金扶持、技术指导等多种方式，支持农民开展环保项目。四是要积极挖掘环保典型，树立村民身边的榜样，激发群众学习热情。总之，我国在开展环境保护工作时，应注重引导宣教和农民参与相结合，构建全民共同参与环保的良好格局，从而为实现可持续发展目标和美丽中国愿景共同努力。

5."元治理"与多元主体共治协同发展

农村环境治理是一个多元主体协同共治的过程，地方政府、企业、农民与社会组织等多元主体协同治理，有利于推进各主体互惠共生（张平，隋永强，2015）。然而，由于各主体在治理过程中所扮演的角色不尽相同，随着复杂化与多样化利益诉求和公共问题的日益显现，可能存在市场失灵的风险。在此情况下，"元治理"作为一种对"治理"的治理应运而生，能够有效协调各主体间的关系，促进各方力量凝聚形成合力，从而推动多元主体共治的实现。

"元治理"理论强调政府部门应发挥主导作用，发挥"管理者""协调者""领导者"等多种作用，从而协调各主体的利益与治理行为（张云生，张喜红，2023）。一是政府作为管理者，要完善制度和体制机制建设，推动农村环境治理的开展。例如，通过持续普及生态环保知识，强化民众环保意识，鼓励农民等成为农村生态环境治理的积极参与者，吸引社会资本参与治理活动等，在"元治理"的基础上推动多元主体共同参与环境治理。二是政府作为协调者，要打破部门壁垒，充分兼顾各方利益。例如，乡镇企业是农村经济发展的重要力量，但部分乡镇企业有时也是环境污染的主要来源，地方政府要做好污染企业整改工作，通过环境治理融资等手段，帮助企业筹集资金开展环保技术升级，污染物达标处理等绿色生产，协调好企业利益与环境保护之间的关系，从而让企业等更多主体真正嵌入到环境保护过程中，实现环境友好型绿色发展。三是政府作为领导者，要发挥资源整合功能，广泛动员社会力量，充分发挥多方主体的资金、技术和管理优势，形成多元共治合力，推进农村环境治理落地见效。

总体来看，政府应通过宏观调控手段，吸纳更多资源和社会力量参与农村环境治理；在市场失灵领域进行资源整合，发挥政府领导作用，合理协调各方利益；政府主导，组织多方主体协作互助，形成共识，提高互信，为农村环境长效治理提供保障。在充分发挥政府"元治理"功能的基础上，吸引全社会力量共同参与农村环境治理工作，绘就宜居宜业和美乡村新画卷。

第九章 区域维度视角下的畜禽粪污生态环境风险评价

畜禽养殖业是我国农业生产的重要组成部分，但近年来畜禽粪污的环境污染问题越来越突出，很大程度上成为我国养殖业进一步发展的制约因素。当前，不同区域的畜禽粪污污染问题已引起了全社会的广泛关注，现有文献通过污染警戒值的测算对畜禽粪污污染问题展开了广泛研究。例如，部分学者从省域层面展开研究，通过测算山东省和陕西省的畜禽粪污污染警戒值后发现，当地畜禽粪污尚未对环境造成明显威胁（张羽飞 等，2020；郑莉 等，2019；冯璞阳 等，2021）；还有部分学者从市级层面展开研究，通过对青岛市和商洛市的测算后发现，两城市的畜禽粪污已经对生态环境造成较明显的威胁（王建华 等，2018；王忙生 等，2019）。总体看来，学者们对于畜禽粪污土地承载力测算的相关研究已取得了较丰富的成果，但也存在一定不足：主要表现为少有文献同时对一个省级区域整体及其所辖市级区域的畜禽粪污土地承载力问题分别进行测算并展开对比分析，缺乏各区域维度视角下畜禽粪污污染问题的对比研究。据此，本章拟以内蒙古自治区为例，通过对省级、盟（市）级两个区域维度视角下畜禽粪污污染警戒值的测算，探讨不同区域维度下的环境污染问题，以期进一步丰富现有研究成果。

一、数据来源与研究方法

1. 数据来源

内蒙古自治区具有悠久的牲畜养殖传统，是我国重要的畜牧业生产基地。随着近年来畜禽存栏量和规模化养殖水平的不断提高，当地畜禽粪污产生量与日俱增，畜禽粪污环境污染风险日益突出。鉴于内蒙古自治区较为典型的养殖业经营特征和畜禽粪污污染问题，本章拟选取内蒙古地区作为研究对象，展开后续污染警戒值测算与相关分析工作。

在考虑测算原则及相关指标权威性的情况下，本章参照 2018 年农业部办公厅发布的《畜禽粪污土地承载力测算技术指南》展开测算工作。该文件按照种养平衡原则，从畜禽粪污中所能提供的氮元素养分与作物生长时所需要的氮元素养分角度出发，提出了畜禽养殖量与土地承载力的换算方法，是我国畜禽粪污还田的重要指导性文件。

本章在对内蒙古省级层面进行测算时所使用的数据来自相关年度的《内蒙古统计年鉴》，在对盟（市）级层面畜禽粪污产生量测算时所使用的数据来自内蒙古各盟（市）统计年鉴。

2. 畜禽粪污产生量测算方法

本章选取牛、羊、猪和家禽 4 类主要畜禽测算内蒙古自治区整体以及各个盟（市）畜禽粪污资源总量，具体计算公式为：

$$X = \sum N_i \times D_i \times P_i \qquad (9-1)$$

式（9-1）中，X 为各类畜禽粪污产生量，N_i 为畜禽饲养量，D_i 为饲养周期，P_i 为日产污系数。由于不同畜禽种类饲养周期差异较大，本章参照生态环境部公布数据，牛、羊饲养周期为 365 天，以年末存栏量作为饲养量；猪的饲养周期为 199 天，家禽的饲养周期为 210 天，猪和家禽均以年出栏量作为饲养量。此外，不同地区畜禽的产（排）污系数也具有差异，鉴于内蒙古横跨我国东北、华北、西北地区，本章畜禽产（排）污系数参考学者们的做法取三地的加权平均值（刘晓永 等，2018；潘瑜春 等，2015）。在具体测算过程中，参照现有文献将各类畜禽粪污依据氮元素养分含量统一折算为猪粪当量（林源 等，2012；宋大平 等，2012），具体参数见表 9-1。

表 9-1　各类畜禽日产（排）污系数

畜禽种类	畜禽产（排）污系数	猪粪当量折算系数
牛	28.18	0.69
羊	2.38	1.23
猪	3.23	1
家禽	0.14	2.11

3. 畜禽粪污污染警戒值测算方法

区域畜禽粪污负荷量计算公式：

$$q = Q/S = \sum (X \times T)/S \qquad (9-2)$$

式（9-2）中，q 为区域畜禽粪污负荷量，表示每公顷土地上所能负荷的畜禽粪污量。Q 为各类畜禽粪污猪粪当量总量，是将各类畜禽粪污排放量乘以折算系数而得到的。X 为各类畜禽粪污总量，T 为猪粪当量折算系数，S 为农作物播种面积。需要说明的是，由于内蒙古地区日益严格的禁牧休牧政策以及冬季牧民舍饲养殖，所以不论农区还是牧区，畜禽粪污的主要消纳场所还是耕地，故采用农作物播种面积进行计算。为了评估畜禽粪污排放对环境污染的威胁程度，引入畜禽粪污污染警戒值 r（周芳 等，2021；史瑞祥 等，2017），计算公式为：

$$r = q/p \qquad (9-3)$$

式（9-3）中，r 为畜禽粪污污染警戒值，q 为区域畜禽粪污负荷量，p 为有机肥最大理论施用量，参照已有文献（张绪美 等，2007），p 取值为30。警戒值 r 的常用分级情况见表9-2。

表9-2 畜禽粪污污染警戒值分级

警戒值 r 区间范围	分级级数	对环境的威胁性
≤0.4	I	无威胁
0.4~0.7	II	稍有威胁
0.7~1.0	III	有威胁
1.0~1.5	IV	较严重
1.5~2.5	V	严重
>2.5	VI	很严重

二、不同区域视角下的畜禽粪污污染风险测算分析

1. 省级区域视角下的畜禽粪污产生量测算

为避免使用单一年份数据进行测算而导致测算结果产生误差，本章在考虑数据代表性与可获得性的基础上，基于前人经验选取了10个年度的内蒙古全区牲畜数据，对其粪污产生量及畜禽粪污污染警戒值进行测算。首先，使用折算系数将各类畜禽粪污按氮元素养分含量统一折算为猪粪当量之后发现，内蒙古畜禽粪污猪粪当量总量基本保持稳定，如表9-3所示。各类畜禽粪污占比不尽相同，其中，牛、羊粪在粪污总量中占比最高，分别达到37.6%和52.5%；其次，家禽和猪粪在粪污总量中占比分别为5.4%、4.5%。可以发现，各年度牛粪和羊粪占到当地畜禽粪污总量的90.1%，牛、羊粪是内蒙古地区土地污染的主要畜禽粪污来源。

表9-3 内蒙古畜禽粪污产生量（折算为猪粪当量）

单位：万吨

年份	牛	羊	猪	家禽	合计
2011年	4 503.13	5 873.87	581.77	549.68	11 508.45
2012年	4 435.71	5 845.56	604.51	66.82	10 952.60
2013年	4 346.50	6 015.23	599.02	793.41	11 754.16

（续）

年份	牛	羊	猪	家禽	合计
2014 年	4 475.45	6 460.16	597.83	681.38	12 214.82
2015 年	4 761.89	6 771.20	577.50	666.80	12 777.39
2016 年	4 509.16	6 519.57	414.55	685.41	12 128.69
2017 年	4 656.93	6 530.60	590.68	599.87	12 378.08
2018 年	4 373.25	6 413.06	552.78	582.62	11 921.71
2019 年	4 443.37	6 385.24	487.47	616.78	11 932.86
2020 年	4 762.96	6 490.24	476.99	636.00	12 366.19

2. 省级区域视角下的畜禽粪污污染警戒值测算

如表 9-4 所示，在对内蒙古全区畜禽粪污负荷量测算后发现，当地平均畜禽粪污负荷为 16.36 吨/公顷，其中 5 个年度的畜禽粪污负荷量超过平均值。其次，通过引入畜禽粪污污染警戒值来评估内蒙古畜禽粪污排放对环境污染威胁程度后发现，内蒙古畜禽粪污污染警戒值处于 0.4～0.7，警戒值级数为 II 级，对环境稍有威胁。

表 9-4　内蒙古畜禽粪污负荷量及警戒值

年份	负荷量（吨/公顷）	警戒值 r	警戒值级数	对环境的威胁性
2011 年	17.67	0.59	II	稍有威胁
2012 年	16.20	0.54	II	稍有威胁
2013 年	16.73	0.56	II	稍有威胁
2014 年	16.84	0.56	II	稍有威胁
2015 年	17.06	0.57	II	稍有威胁
2016 年	15.62	0.52	II	稍有威胁
2017 年	15.93	0.53	II	稍有威胁
2018 年	15.73	0.52	II	稍有威胁
2019 年	15.59	0.52	II	稍有威胁
2020 年	16.25	0.54	II	稍有威胁

3. 盟（市）级区域视角下的畜禽粪污产生量测算

首先，从畜禽粪污产生量看，内蒙古自治区 12 个盟（市）大体可分为 4 个梯队。以 2020 年数据为例，第一梯队为赤峰市和通辽市，年畜禽粪污产生量达 2 000 万吨以上；第二梯队为兴安盟、锡林郭勒盟、呼伦贝尔市、巴彦淖尔市和鄂尔多斯市，年畜禽粪污产生量约为 1 300 万吨；第三梯队是乌兰察布市、呼和浩特市和包头市，年畜禽粪污产生量约为 500 万吨；第四梯队是乌海市和阿拉善盟，年畜禽粪污产生量在 100 万吨以下。其次，从各类畜禽粪污的集中情况看，内蒙古自治区各类畜禽粪污的集中区域存在较大差异。其中，牛粪主要集中在通辽市、锡林郭勒盟和赤峰市，羊粪主要集中在赤峰市、巴彦淖尔市和鄂尔多斯市，猪粪主要集中在赤峰市、通辽市和兴安盟，家禽粪污主要集中在赤峰市、巴彦淖尔市和通辽市。具体如表 9-5 所示。

表 9-5　各盟（市）畜禽粪污产生量（折算为猪粪当量）

单位：万吨

盟（市）	牛	羊	猪	家禽	合计
呼和浩特市	172.33	202.00	36.27	19.85	430.45
包头市	87.08	254.06	35.66	22.89	399.69
乌海市	3.35	11.35	6.95	3.60	25.24
赤峰市	805.01	933.18	111.14	358.43	2 207.77
通辽市	1 324.83	588.57	107.31	74.93	2 095.64
鄂尔多斯市	173.16	882.41	20.72	5.78	1 082.08
呼伦贝尔市	580.64	752.33	27.95	23.55	1 384.48
巴彦淖尔市	140.10	901.34	20.26	98.28	1 159.98
乌兰察布市	203.09	349.53	32.56	20.04	605.22
兴安盟	525.29	819.63	80.09	68.80	1 493.80
锡林郭勒盟	841.25	617.83	2.40	2.48	1 463.97
阿拉善盟	39.06	45.99	1.62	0.36	87.02

4. 盟（市）级区域视角下的畜禽粪污污染警戒值测算

表 9-6 为内蒙古各盟（市）畜禽粪污负荷量与警戒值。可以看到，锡林郭勒盟畜禽粪污负荷量最高，为 79.83 吨/公顷，远超理论适宜量；呼伦贝尔市畜禽粪污负荷量最低，为 7.89 吨/公顷，说明呼伦贝尔市畜禽养殖量还有较大增长空间。此外，各盟（市）的警戒级数不尽相同。警戒值为Ⅰ级的有乌兰察布市和呼伦贝尔市，这两地畜禽粪污排放对环境尚未构成威胁；警戒值为Ⅱ级的有呼和浩特市、包头市、通辽市、巴彦淖尔市和兴安盟；警戒值处于Ⅲ级及以上的有乌海市、赤峰市、鄂尔多斯市、锡林郭勒盟和阿拉善盟，可以发现乌海市、锡林郭勒盟和阿拉善盟三地对环境已经构成严重威胁。

表 9-6 各盟（市）畜禽粪污负荷量及警戒值

盟（市）	负荷量（吨/公顷）	警戒值 r	警戒值级数	对环境的威胁性
呼和浩特市	12.04	0.40	II	稍有威胁
包头市	15.21	0.51	II	稍有威胁
乌海市	45.33	1.51	V	严重
赤峰市	23.06	0.77	III	有威胁
通辽市	15.38	0.51	II	稍有威胁
鄂尔多斯市	29.16	0.97	III	有威胁
呼伦贝尔市	7.89	0.26	I	无威胁
巴彦淖尔市	17.69	0.59	II	稍有威胁
乌兰察布市	10.44	0.35	I	无威胁
兴安盟	14.99	0.50	II	稍有威胁
锡林郭勒盟	79.83	2.67	VI	很严重
阿拉善盟	33.60	1.12	IV	较严重

三、研究结论

本章以内蒙古自治区为例，选取内蒙古整体区域和下辖 12 个盟（市）数据，对两类区域视角下的畜禽粪污环境威胁问题进行了对比。结果显示，内蒙古整体区域的畜禽粪污环境威胁性为稍有威胁，即从省级层面看内蒙古地区畜禽粪污产生量对农地不构成负荷压力。然而，从盟（市）级层面看，内蒙古地区 12 个盟（市）中已有 5 个盟（市）的畜禽粪污对环境形成严重威胁，这显然与省级层面的整体情况并不一致。上述情况表明，较大区域范围的畜禽粪污污染测度结果，可能会掩盖其下辖更小区域内的污染问题。因此，相关研究过程中应注意研究区域的划定问题，以及由于不同区域大小划分可能导致的污染识别错误，进而影响相关分析结果的可靠性与有效性。此外，上述结果也具有一定的政策意义，即从整体大范围看不存在污染问题，并非意味着各个小样本点也不存在污染；在不存在面源污染的情况下，地方政府仍要警惕可能在局部区域存在的点源污染问题，并应精准施策，做好点源污染防治工作，推进生态环境治理有效落实。

第十章 种植结构视角下的土地
承载力测算分析

近年来，随着城乡居民动物类食品消费需求量的不断增长，我国畜禽存栏量与规模化水平稳步提升。然而，规模化经营在推进畜禽养殖专业化发展的同时，也极大地加剧了养殖业与种植业在空间与主体上的分离（郭庆海，2021），畜禽粪污与土地承载力之间的矛盾愈加尖锐。在此背景下，畜禽粪污排放量与土地承载力之间的平衡关系已成为全社会关注的焦点，二者的平衡不仅是提高土壤肥力和经济效益的有效途径（徐燕 等，2018），还是畜禽粪污资源化利用的根本出路（董红敏 等，2019），更是践行养殖业高质量绿色发展的重要举措（于法稳 等，2021）。

目前，有关畜禽养殖粪污排放量与土地承载力的关系，部分学者已分别对耕地、林地、草地的畜禽粪污消纳能力进行了测算（杨旭 等，2019；刘刚 等，2017；黄美玲 等，2017；王亚娟，刘小鹏，2015），并取得了丰硕成果。然而，现有文献大多单独基于氮、磷平衡视角下对畜禽养殖环境风险指数进行测算，很少有学者在实际分析过程中有效剥离出农作物种植结构对畜禽粪污的消纳作用。基于此，本章试图在考虑农作物种植结构的基础上探讨土地承载力问题，以期对现有文献进行丰富和补充。

一、数据来源与研究方法

1. 研究数据

为了探讨不同作物结构下的畜禽粪污消纳差异问题，在考虑地域典型性、数据代表性及可获得性的基础上，本章选取 2020 年内蒙古地区情况展开研究，数据来自内蒙古统计年鉴以及内蒙古各盟（市）统计年鉴。在具体测算指标的选择上，参考现有文献，文中以牛、羊、猪和家禽所产生的粪污作为氮元素养分的供给方，选取小麦、玉米、大豆、稻谷、薯类、油料、甜菜、蔬菜、瓜果、青饲料等 10 种作物作为氮元素养分的需求方（张英 等，2019），在考虑种植结构的基础上探讨畜禽粪污的土地承载力问题。

2. 研究方法

通过比较区域养殖环境可承载的猪当量与实际饲养量，可以判断出区域养殖环境容量是否饱和,这对于优化区域环境质量,调整养殖业布局具有重要意义。区域畜禽养殖环境容量可以通过计算区域农作物的氮元素养分需求量和单位猪当量粪肥氮元素养分供给量得出,具体计算公式如下:

$$区域作物氮元素养分需求量 =$$

$$\sum 每种作物总产量 \times 单位产量氮元素养分需求量 \quad (10-1)$$

$$区域作物粪肥氮元素养分需求量 =$$

$$\frac{区域作物氮元素养分需求量 \times 施肥供给养分占比 \times 粪肥占施肥比例}{粪肥当季利用率}$$

$$(10-2)$$

$$区域畜禽养殖猪当量环境容量(以氮计算) =$$

$$\frac{区域作物粪肥氮元素养分需求量}{单位猪当量粪肥氮元素养分供给量} \quad (10-3)$$

本章选取小麦、玉米、大豆、稻谷、薯类、油料、甜菜、蔬菜、瓜果、青饲料等 10 种主要粮食作物和经济作物进行区域农作物氮元素养分需求量的测算。在作物生长过程中,不同作物吸收氮元素养分的能力存在较大差异,各种作物每形成 100 千克产量所需要吸收的氮元素养分量见表 10-1。

表 10-1　主要作物每形成 100 千克产量所需要吸收的氮元素养分量

	粮食作物					经济作物				
	小麦	玉米	大豆	稻谷	薯类	油料	甜菜	蔬菜	瓜果	青饲料
氮	3.0	2.3	7.2	2.3	0.5	7.19	0.48	0.4	0.42	2.5

数据来源:《畜禽粪污土地承载力测算技术指南》。

在种植实践过程中,土壤的氮元素养分供给一般包括两个来源:一是土壤自身所拥有的氮元素养分,二是靠外界施肥增加土壤中的氮元素养分。《畜禽粪污土地承载力测算技术指南》中依据土壤中的氮元素养分含量将土壤划分为 3 个等级,等级越高,施肥供给占比就越低;反之,土壤等级越低,则需要施用更多的肥料来提高土壤等级,从而达到增产增收的目的。由于目前没有对内蒙古土壤等级的相关文献支持,本章采取多数学者的做法(肖琴 等,2019;陈泽金,2020),假定土壤氮元素养分水平为 Ⅱ 级,在作物生长过程中,氮元素养分供给中的 45% 来源于外界施肥,施肥包括化肥和粪肥等多种肥料,粪肥占施肥比例的 50%。作物并不能将肥料中所蕴含的氮元素养分全部吸收,当季作物能够从所施肥料中吸收 25% 的氮元素养分。

为评估区域当前环境容量与实际养殖数量是否已达饱和程度,是否会对环境造成污染,继续引入畜禽养殖环境风险指数(黄鑫 等,2022),其计算公式为:

$$畜禽养殖环境风险指数 = \frac{实际畜禽养殖总量}{区域畜禽养殖猪当量环境容量}$$

$$(10-4)$$

关于畜禽养殖环境风险指数的常用分级情况见表10-2。

表10-2 畜禽养殖环境风险指数及分级

环境污染风险指数	环境污染风险级别
<0.5	无污染风险
0.5~1	低污染风险
1~1.5	中污染风险
1.5~3	较高污染风险
≥3	高污染风险

为探讨农作物氮元素养分吸收能力对于土地畜禽粪污承载力的提升效果如何，本章利用式（10-5）、式（10-6）以及相关数据展开模拟分析

$$SEC = R/SPL \quad (10-5)$$

$$P_{S-N} = P_{R-N} \cdot SEC/EC \quad (10-6)$$

式（10-5）中，SEC 为模拟区域畜禽养殖猪当量环境容量，R 为实际畜禽养殖总量，SPL 为模拟畜禽养殖环境风险指数。式（10-6）中，P_{S-N} 为模拟氮元素养分需求量高的作物播种面积占总播种面积的比重，P_{R-N} 为实际氮元素养分需求量高的作物播种面积占总播种面积的比重，EC 为区域畜禽养殖猪当量环境容量。

二、不同种植结构下的畜禽粪污土地承载力测算分析

1. 畜禽养殖环境风险指数测算

利用区域内农作物粪肥氮元素养分需求量和单位猪当量粪肥氮元素养分供给量求出区域畜禽养殖猪当量环境容量，然后再与实际折算猪当量的饲养量相比就可以求出区域土地承载潜力。基于种养平衡理念，土地承载力反映了一定区域内耕地所能承载的最大畜禽存栏量，反映了该区域耕地对畜禽粪污的消纳能力。土地承载力越大，区域内养殖业发展的空间就越大。由表10-3可见，内蒙古各个盟（市）普遍具有一定的土地承载潜力，但有2个盟（市）已经出现了超载现象。其中，最具土地承载潜力的是通辽市和呼伦贝尔市，分别还能再承载3 600万头和2 700万头养殖猪当量，超载最严重的是乌海市，已经超载将近3万头养殖猪当量。通过将计算结果与各个盟（市）地理位置结合后发现，内蒙古养殖业分布不均匀，畜禽养殖环境污染风险呈点源分布。乌海市和

锡林郭勒盟已经出现了中污染风险，阿拉善盟和鄂尔多斯市属于低污染风险，其他盟（市）暂未出现污染风险，具体如表10-4所示。

表10-3 内蒙古各盟（市）畜禽养殖环境容量及承载潜力

单位：万头

盟（市）	区域畜禽猪当量环境容量	实际折算猪当量饲养量	环境承载潜力
呼和浩特市	654.87	255.21	399.66
包头市	611.55	221.13	390.42
乌海市	16.62	19.52	−2.90
赤峰市	2 819.34	1 268.95	1 550.38
通辽市	4 920.34	1 284.10	3 636.24
鄂尔多斯市	715.32	477.21	238.11
呼伦贝尔市	3 459.78	712.19	2 747.59
巴彦淖尔市	1 857.47	531.01	1 326.45
乌兰察布市	897.82	324.50	573.32
兴安盟	2 660.47	812.23	1 848.25
锡林郭勒盟	775.37	775.41	−0.04
阿拉善盟	62.51	44.98	17.53

表10-4 内蒙古各盟（市）畜禽养殖环境风险指数及分级

盟（市）	环境风险指数	环境污染级别
呼和浩特市	0.39	无污染风险
包头市	0.36	无污染风险
乌海市	1.17	中污染风险
赤峰市	0.45	无污染风险
通辽市	0.26	无污染风险
鄂尔多斯市	0.67	低污染风险
呼伦贝尔市	0.21	无污染风险
巴彦淖尔市	0.29	无污染风险
乌兰察布市	0.36	无污染风险
兴安盟	0.31	无污染风险
锡林郭勒盟	1.00	中污染风险
阿拉善盟	0.72	低污染风险

2. 不同种植结构视角下的畜禽粪污土地承载力问题分析

为进一步探讨农作物氮元素养分吸收能力对于土地畜禽粪污承载力的提升

效果，本章拟利用相关数据展开模拟分析。需要说明的是，由于各盟（市）在畜禽养殖量与农作物播种面积上存在明显差异，无法统一进行测算，为此下文选取锡林郭勒盟并利用其有关数据开展模拟分析。

由表10-4可以看出，锡林郭勒盟的环境风险指数为1，对环境具有中污染风险。本处通过使用式（10-5）、（10-6）进行讨论，模拟分析当大豆、油料、小麦、青饲料和玉米等氮元素吸收能力高的作物种植比例下降至多少时，锡林郭勒盟的畜禽养殖环境风险指数会提高。

利用锡林郭勒盟畜禽养殖量与农作物播种面积模拟后发现：当氮元素吸收能力高的作物播种面积在当地总播种面积的比例降至45.8%时，畜禽养殖环境风险指数上升为1.5，即风险程度变为较高污染风险；当氮元素吸收能力高的作物播种面积在当地总播种面积的比例降至22.9%时，畜禽养殖环境风险指数上升为3，即风险程度变为高污染风险。

三、研究结论

基于养分供需平衡视角，在不同农作物种植结构下内蒙古各地区的土地畜禽粪污承载力存在一定差异。文中基于特定区域，进一步模拟分析了改变作物种植品种结构后对当地土地粪污承载力的影响。上述结果表明，一定区域内土地承载力的大小不仅受到农地面积的约束，同时也会受到农作物种植种类的影响。当特定养分吸收能力强的作物所占比例增大时，一定程度上会提高土地的畜禽粪污承载力水平；反之，当特定养分吸收能力强的作物所占比例降低时，则会一定程度降低土地的畜禽粪污承载力水平。为此，地方政府治理畜禽粪污环境污染问题时，在从源头降低粪污产生量以及推进种养结合加大粪污还田比例的同时，还可以通过优化农作物种植品种结构，利用扩大氮元素等特定养分吸附能力强的农作物种植面积的方式，提高土地的畜禽粪污承载力水平，从而在一定程度上缓解与降低区域内的畜禽粪污环境污染风险，推进生态环境保护与农牧产业的协调可持续发展。

第十一章 村规民约下的养殖户畜禽粪污资源化利用行为分析

农业污染是我国环境污染的重要来源之一，其中畜禽粪污污染在农业污染问题中较为突出。为此，我国高度重视畜禽粪污污染治理问题，尤其强调通过粪肥还田实现资源化利用，促进畜禽粪污变废为宝。2023年，中央一号文件再次明确指出，要加快推进农业面源污染防治，促进粪污废弃物就近就地资源化利用。推进畜禽粪污治理与资源化利用成为我国农业生产中的一项重要任务。

农户家庭养殖是我国畜牧业生产中的重要模式，并在我国畜禽养殖量中占据较大比重，由此使得解决家庭养殖户畜禽粪污污染问题具有重要意义。相较大企业集约化、规模化的生产经营模式，小农户仍多以传统养殖模式为主，养殖较为分散，畜禽粪污排放量分散且处理方式缺乏规范化，如粪污随意堆放、丢弃的情况较为普遍，加之分散养殖导致政府部门实时监管困难，由此导致农户家庭养殖存在较大的畜禽粪污污染风险。

为强化农村家庭养殖畜禽粪污治理与资源化利用，我国在加强环境保护相关政策法规建设的同时，进一步强调利用村规民约引导和规范养殖户畜禽粪污资源化利用行为。例如，2022年中央一号文件明确指出，要有效发挥村规民约的作用，推进农村重点领域突出问题专项整治；乡村振兴促进法也强调要发挥村规民约的积极作用，加快形成文明乡风、良好家风、淳朴民风。相较政府规制而言，村规民约体现了本地区大部分村民的价值观与利益，是对传统习惯的总结，渗透在生产生活的方方面面，自发形成、潜移默化地规范与约束着农户的行为。在"熟人社会"为主的农村中，受村规民约的限制，倘若农户随意堆放粪污影响村容村貌，造成空气环境污染，会受到村干部或村民的不满、批评与罚款，农户碍于"面子"、名誉等，会自觉将畜禽粪污合理堆放，进行资源化利用。因此，从村规民约角度研究农户家庭畜禽粪污资源化利用行为，具有很强的理论与现实价值。

作为奶牛养殖大省，内蒙古自治区奶牛养殖业历史久远，奶牛粪污污染问题也日益突出。内蒙古自治区高度重视奶牛粪污治理与资源化利用问题，自治区农牧厅在《构筑我国北方重要生态安全屏障规划（2020—2035年）》文件中明确指出，要加强农业面源污染治理，截至"十四五"结束，畜禽粪污资源化利用率达80％以上，实现向绿色生产方式的转变。为此，本章选取内蒙古奶牛养殖户为研究对象，通过开展入户问卷调查形式了解当地农户奶牛养殖实际情况，进而利用微观调研数据构建村规民约评价体系，实证检验村规民约对于养殖户畜禽粪污资源化利用行为的影响作用。

一、数据来源与样本特征

1. 数据来源

本章数据来源于 2021 年在内蒙古自治区开展的入户问卷调查数据，共涉及 7 个旗（县、区）、25 个乡镇。为了解掌握问卷的可行性与全面性，课题组在正式开展调研前期，在呼和浩特市金河镇河湾村和乌兰察布市乌兰花镇东黑河村开展了预调研，通过预调研对问卷调查过程中发现的不足及相关问题进行了调整优化，并在问卷完善后开展了正式大范围问卷调查工作。本次调查中共发放问卷 325 份，在剔除存在明显遗漏信息和错误信息问卷后，最后获得 317 份有效问卷，问卷有效率为 97.53%。

2. 样本基本特征

（1）样本户个体特征（表 11-1）

①养殖户年龄。从样本情况看，60 岁以上的老年养殖户为 87 人，占比为 27.44%；45～60 岁中年养殖户为 192 人，占比达到 60.57%；30～45 岁青年养殖户为 38 人，占比 11.98%。上述结构表明目前奶牛养殖以中老年养殖户为主。

②养殖户文化程度。从样本情况看，小学及以下文化程度的养殖户有 123 人，占比 38.80%；初中文化程度的养殖户有 188 人，占比 59.31%；大专及以上文化程度的养殖户有 6 人，占比 1.89%。总体来看，大部分受调查养殖户的文化程度为中学教育，受教育水平偏低，受过高等教育的养殖户较少。

③养殖户是否为党员。从样本情况看，养殖户中政治面貌为党员的有 29 人，占比 9.15%；政治面貌为群众的养殖户有 288 人，占比 90.85%。可以看出，受调查养殖户的党员比例较低，大部分养殖户为群众。

④养殖户是否担任过村干部。样本户中担任过村干部的养殖户有 51 人，占比 16.09%；未担任过村干部的养殖户有 266 人，占比 83.91%。总体上看，大部分养殖户均无任职过村干部的经历。

表 11-1 样本户个体特征

属性	特征	样本量（人）	占比（%）
	30～45 岁	38	11.98
年龄	45～60 岁	192	60.57
	60 岁以上	87	27.44

（续）

属性	特征	样本量（人）	占比（%）
	小学及以下	123	38.80
文化程度	中学	188	59.31
	大专及以上	6	1.89
是否为党员	是	29	9.15
	否	288	90.85
是否担任过村干部	是	51	16.09
	否	266	83.91

（2）样本户家庭特征（表 11 - 2）

①家庭劳动力数量。样本中家庭劳动力数量以 1～2 人的养殖户居多，有 285 户，占比 89.91%；家庭劳动力数量为 3～5 人的养殖户有 32 户，占比 10.09%。由此可看出，养殖户多数以夫妻双方共同进行农牧劳作。

②养殖年限。养殖年限为 1～10 年的养殖户有 129 户，占比 40.69%；养殖年限为 11～20 年的有 104 户，占比 32.81%；养殖年限在 21～30 年的有 58 户，占比 18.30%；养殖年限为 31 年及以上的养殖户有 26 户，占比 8.20%。可以发现，大多数养殖户具有较长期的养殖从业经历。

③种植年限。种植年限在 31 年及以上的样本户的占比较高，为 34.07%；种植年限为 21～30 年的次之，占比 29.34%；种植年限在 10 年及以下和 11～20 年的样本户占比分别为 25.55% 和 11.04%。由此可以看出，大部分样本户同时具有较长的种植年限，一定程度上表明农户具有较为普遍的种养结合经历。

④家庭年收入。家庭年收入在 5 万元及以下的养殖户占比最多，占比 30.60%；收入在 5 万～10 万元的养殖户有 77 户，占 24.29%；收入在 10 万～20 万元的养殖户占比 25.55%，收入在 20 万元以上的养殖户占比 19.56%。

⑤农技培训。参与过相关农技培训的养殖户有 77 户，占比 24.29%，未参与过相关农技培训的养殖户有 240 户，占比 75.71%。可见大部分养殖户均未参与过相关农技培训。

⑥养殖规模。养殖数量为 25 头及以下的养殖户有 294 户，占比 92.75%；养殖数量为 26～50 头与 51 头及以上奶牛的分别有 11 户与 12 户，占比分别为 3.47% 与 3.79%。可见养殖户奶牛养殖数量以 25 头及以下为主。

⑦养殖户畜禽粪污资源化利用行为。选择对畜禽粪污进行资源化利用的养殖户居多，有 251 户，占比 79.18%；未对畜禽粪污进行资源化利用的养殖户有 66 户，占比 20.82%。

⑧养殖户畜禽粪污的处理方式。畜禽粪污资源化利用的方式主要有直接还

田、赠送亲友以及销售等。需要说明的是，由于不少养殖户会采用多种处理方式，本处对每种处理方式都进行了统计。选择将畜禽粪污直接还田的养殖户有223户，占比70.35%；赠送亲友与销售的分别为40户与46户，分别占比为12.62%与14.51%；直接丢弃的有66户，占比20.82%。根据实际调研数据，可发现当前奶牛养殖户处理畜禽粪污时，可能选择将多种畜禽粪污资源化利用方式组合起来使用。

表 11-2　样本户家庭特征

属性	特征	样本量（户）	占比（%）
家庭劳动力数量	1～2 人	285	89.91
	3～5 人	32	10.09
养殖年限	10 年及以下	129	40.69
	11～20 年	104	32.81
	21～30 年	58	18.30
	31 年及以上	26	8.20
种植年限	10 年及以下	81	25.55
	11～20 年	35	11.04
	21～30 年	93	29.34
	31 年及以上	108	34.07
家庭年收入	5 万元及以下	97	30.60
	5 万～10 万元	77	24.29
	10 万～20 万元	81	25.55
	20 万元以上	62	19.56
农技培训	是	77	24.29
	否	240	75.71
养殖规模	25 头及以下	294	92.75
	26～50 头	11	3.47
	51 头及以上	12	3.79
养殖户畜禽粪污资源化利用行为	是	251	79.18
	否	66	20.82
养殖户畜禽粪污的处理方式	直接还田	223	70.35
	赠送亲友	40	12.62
	销售	46	14.51
	直接丢弃	66	20.82

（3）样本户环境污染认知（表11-3）

①大气/土壤/水源污染认知。从调研结果看，样本中137户认为畜禽粪污会对大气/土壤/水源造成污染，占比43.22%；认为畜禽粪污不会对大气/土壤/水源造成污染有180户，占比56.78%。

②环境污染认知。从调研数据看，样本中认为畜禽粪污对外界环境无污染、污染很小与污染一般的养殖户分别有15户、62户与71户，分别占比4.73%、19.56%与22.40%；认为畜禽粪污对外界环境的污染较严重和污染很严重的分别有112户与57户，分别占比35.33%与17.98%。

③健康危害认知。样本中认为畜禽粪污对人体健康影响程度为一般、较严重、很严重的养殖户分别为58户、38户和12户，分别占比为18.30%、11.99%、3.79%；样本中认为畜禽粪污对人体健康无影响、影响很小的养殖户分别为120户、89户，占比分别为37.86%和28.08%。可见仍有超过半数的养殖户未意识到畜禽粪污对人体健康的影响，对当前畜禽粪污危害问题意识不足。

④畜禽粪污处理认知。样本中认为有必要和非常有必要进行畜禽粪污资源化利用的养殖户分别有122户和85户，分别占比38.49%与26.81%；认为非常没必要、没必要以及无所谓的养殖户分别有15户、43户与52户，分别占比为4.73%、13.57%与16.40%。说明大部分养殖户已认识到进行畜禽粪污资源化利用的必要性。

表11-3 样本户对环境污染的相关认知调查结果

属性	特征	样本量（户）	占比（%）
大气/土壤/水源污染认知	是	137	43.22
	否	180	56.78
环境污染认知	无污染＝1	15	4.73
	污染很小＝2	62	19.56
	一般＝3	71	22.40
	较严重＝4	112	35.33
	很严重＝5	57	17.98
健康危害认知	无影响＝1	120	37.86
	影响很小＝2	89	28.08
	一般＝3	58	18.30
	较严重＝4	38	11.99
	很严重＝5	12	3.79

（续）

属性	特征	样本量（户）	占比（％）
畜禽粪污处理认知	非常没必要＝1	15	4.73
	没必要＝2	43	13.57
	无所谓＝3	52	16.40
	有必要＝4	122	38.49
	非常有必要＝5	85	26.81

（4）外部环境特征（表11－4）

①村内环境变化情况。样本中认为村内环境越来越好、较以前村内环境有所缓解的养殖户分别占比61.51％与19.87％；认为村内环境无明显变化与越来越差的养殖户分别占比15.77％和2.84％。上述情况表明大部分养殖户认为村内环境在变好。

②周边养殖户畜禽粪污资源化利用的积极性。样本中有33.12％与34.70％的养殖户觉得周边养殖户畜禽粪污资源化利用的积极性非常高与比较高，25.24％、5.36％和1.58％的养殖户认为周边养殖户畜禽粪污资源化利用的积极性一般、比较低和非常低。说明大部分养殖户畜禽粪污资源化利用的积极性较高。

③村内是否有村民对养殖粪污的环境污染问题提出过意见。样本中有27.76％的养殖户认为村民对养殖粪污的环境污染问题提出过意见，72.24％的养殖户认为村民未对养殖粪污的环境污染问题提出过意见。

④对村内环境污染提意见的人数。样本中认为对村内环境污染提意见的人数非常少、很少和个别的占比分别为49.84％、29.65％和8.83％，认为提意见的人很多与非常多的分别仅占10.10％、1.58％。

⑤当地环境规制严厉程度。样本中58.36％和9.46％的养殖户认为当地政府环境规制比较严厉、非常严厉；认为当地政府没有这方面的要求、环境规制不严厉和一般的样本数占比分别为4.42％、7.26％和20.51％。上述数据说明超六成的受访者感受到当地环境规制的严格程度。

⑥政府环境规制压力变化。样本中认为相较之前而言，政府环境规制压力越来越严格的养殖户有250户，占比为78.86％；认为政府环境规制压力越来越宽松和无明显变化的为6户与61户，分别占比1.89％、19.24％。

⑦因畜禽养殖粪污被村干部劝诫。样本中有96户受访者表示有养殖户因畜禽粪污乱堆乱放而被村干部劝诫，占比30.28％；大部分样本户表示没有养殖户因养殖粪污乱堆乱放而被村干部劝诫，占比69.72％。

表 11-4　样本户养殖外部环境特征调研结果

属性	特征	样本量（户）	占比（%）
村内环境变化情况	越来越好＝1	195	61.51
	有所缓解＝2	63	19.87
	无明显变化＝3	50	15.77
	越来越差＝4	9	2.84
周边养殖户畜禽粪污资源化利用的积极性	非常高＝1	105	33.12
	比较高＝2	110	34.70
	一般＝3	80	25.24
	比较低＝4	17	5.36
	非常低＝5	5	1.58
是否有村民对养殖粪污的环境污染问题提出过意见	是＝1	88	27.76
	否＝0	229	72.24
对村内环境污染提意见的人数	非常少＝1	158	49.84
	很少＝2	94	29.65
	个别＝3	28	8.83
	很多＝4	32	10.10
	非常多＝5	5	1.58
当地政府环境规制严厉程度	没有这方面的要求＝1	14	4.42
	不严厉＝2	23	7.26
	一般＝3	65	20.51
	比较严厉＝4	185	58.36
	非常严厉＝5	30	9.46
政府环境规制压力变化	越来越宽松＝1	6	1.89
	无明显变化＝2	61	19.24
	越来越严格＝3	250	78.86
因畜禽养殖粪污被村干部劝诫	是＝1	96	30.28
	否＝0	221	69.72

二、村规民约对养殖户畜禽粪污资源化利用行为的影响

1. 模型构建

为了考察村规民约下养殖户是否采取畜禽粪污资源化利用行为，本章构建了养殖户畜禽粪污资源化利用采纳模型。由于被解释变量养殖户畜禽粪污资源

化利用行为是典型二分类变量，故文中选取 Logit 模型实证分析村规民约对养殖户畜禽粪污资源化利用行为的影响，如式（11-1）所示：

$$Logit(P_{Y_1=1}) = \beta_0 + \beta_1 X_1 + \beta_2 X_2 + \cdots + \beta_n X_n + \varepsilon_i \quad (11-1)$$

式（11-1）中，$Y_1 = 1$ 表示养殖户对畜禽粪污进行资源化利用，$Y_1 = 0$ 表示养殖户未对畜禽粪污进行资源化利用；P 表示养殖户对畜禽粪污进行资源化利用的概率，β_0 为常数项，β_n 为影响因素的回归系数，X_1，…，X_n 表示相关影响因素，ε_i 为随机误差项。

2. 变量设定

基于已有文献研究经验，在结合实际调研情况以及研究需要的基础上，文中相关变量设定如下：

被解释变量：养殖户畜禽粪污资源化利用行为（Y_1）。

核心解释变量：村规民约。本章通过对村规民约进行多角度考量并构建相关的评价指标体系，具体如下：一是村内是否有相关的畜禽粪污资源化利用的村规民约，即是否有畜禽粪污资源化利用的村规民约（X_1）；二是对村规民约是否发挥作用进行度量，包括村规民约的遵守情况（X_2）和是否有专人监管养殖粪污问题（X_3）两个指标。

控制变量：养殖户个人特征、家庭特征、认知特征以及外部环境特征。第一，养殖户个人特征包括年龄（X_4）、受教育年限（X_5）。一般情况下，年龄较大的养殖户因为长期以来的生活习惯，对新观念的接受程度较低，学习能力也较年轻人低，所以往往会按照传统方法处理畜禽粪污。养殖户的文化水平越高，学习接受能力越强，越可能倾向于资源化利用。第二，养殖户家庭特征包括养殖年限（X_6）、养殖规模（X_7）。养殖年限越长的养殖户，养殖经验越丰富，掌握新技术的能力越快，养殖户考虑到长远的发展，可能会选择进行畜禽粪污资源化利用。养殖规模较大的养殖户，其专业水平也就越高，为避免产生环境污染问题而受到处罚，会更倾向于对畜禽粪污进行资源化利用。第三，养殖户对环境污染的相关认知包括大气/土壤/水源污染认知（X_8）、环境污染认知（X_9）、畜禽粪污处理认知（X_{10}）。一般认为，对畜禽粪污环境污染的认知以及对畜禽粪污处理的认知越强烈，越倾向于选择进行畜禽粪污资源化利用。第四，养殖外部环境特征包括环境规制严厉程度（X_{11}）、环境规制压力变化（X_{12}）、养殖户因畜禽养殖粪污被村干部劝诫（X_{13}）。一般认为，当政府环境规制要求较严格，增加了养殖户随意堆放或丢弃畜禽粪污的成本，养殖户为避免受到处罚，更倾向于对畜禽粪污进行资源化利用。当环境规制压力变化较大时，会使养殖户产生逆反心理，认为过度的环境规制会增加其人力与时间成本，不愿对畜禽粪污进行资源化利用。当养殖户因为畜禽粪污问题被村干部劝诫谴责，会使养殖户感觉到地位下降、声誉受损，从而会进行畜禽粪污资源化利用。

上述变量含义及描述性统计见表 11-5。

表 11-5 变量含义及描述性统计

变量名称	含义及赋值	均值	标准差
被解释变量			
养殖户畜禽粪污资源化利用行为	养殖户是否对畜禽粪污进行资源化利用：是＝1；否＝0	0.79	0.41
核心解释变量			
是否有畜禽粪污资源化利用的村规民约	村内是否有关于养殖粪污资源化利用的村规民约：是＝1；否＝0	0.77	0.42
村规民约的遵守情况	村民会自觉遵守村规民约吗：很多人不会＝1；较多人不会＝2；一半人会＝3；较多人会＝4；很多人会＝5	2.42	1.19
是否有专人监管养殖粪污问题	村内是否有专人监管养殖粪污堆放和处理问题：是＝1；否＝0	0.48	0.50
控制变量			
个人特征			
年龄	户主年龄（岁）	55.09	8.55
受教育年限	户主受教育年限（年）	6.90	2.98
家庭特征			
养殖年限	养殖户养殖年限（年）	15.71	10.78
养殖规模	养殖户2021年养奶牛数量（头）	10.58	21.30
对环境污染的相关认知			
大气/土壤/水源污染认知	您认为畜禽粪污是否会对大气/土壤/水源造成污染：是＝1；否＝0	0.57	0.50
环境污染认知	您认为畜禽粪污是否会对环境造成污染：无污染＝1；污染很小＝2；一般＝3；较严重＝4；很严重＝5	3.42	1.13
畜禽粪污处理认知	您认为有没有必要对养殖粪污进行处理：非常没必要＝1；没必要＝2；无所谓＝3；有必要＝4；非常有必要＝5	3.69	1.14
外部环境特征			
环境规制严厉程度	当地政府环境规制严厉程度：没有这方面的要求＝1；不严厉＝2；一般＝3；比较严厉＝4；非常严厉＝5	3.61	0.92
环境规制压力变化	相较之前，政府环境规制压力有何变化：越来越宽松＝1；无明显变化＝2；越来越严格＝3	2.77	0.47
是否有养殖户因畜禽养殖粪污被村干部劝诫	是否有养殖户因畜禽养殖粪污乱堆乱放而被村干部劝诫：是＝1；否＝0	0.30	0.46

3. 实证结果分析

从多重共线性检验结果看，自变量的方差膨胀因子（VIF）均值为 1.39，且自变量的 VIF 值均小于 10，表明自变量之间不存在多重共线性问题。

（1）基准回归结果

运用 Logit 模型估计村规民约对养殖户畜禽粪污资源化利用行为的影响，如表 11－6 所示。

表 11－6 基准回归估计结果

变量名称	系数	标准误
是否有畜禽粪污资源化利用的村规民约	10.480***	2.208
村规民约的遵守情况	1.362**	0.539
是否有专人监管养殖粪污问题	2.323**	1.002
年龄	−0.001	0.049
受教育年限	−0.086	0.142
养殖年限	0.002	0.041
养殖规模	0.030	0.029
大气/土壤/水源污染认知	5.331***	1.195
环境污染认知	1.980***	0.556
畜禽粪污处理认知	1.369***	0.388
环境规制严厉程度	0.096	0.462
环境规制压力变化	−0.528	0.871
是否有养殖户因畜禽养殖粪污被村干部劝诫	0.290	0.928
常数项	−21.629***	6.127
观测值	317	

注：***、**、* 分别代表在 1%、5%、10% 的统计水平上显著。

村内是否有畜禽粪污资源化利用的村规民约对养殖户畜禽粪污资源化利用行为的影响在 1% 的水平上显著，且系数为正，表明村规民约对养殖户畜禽粪污资源化利用有一定的促进作用。畜禽粪污资源化利用方面的村规民约是村内对畜禽粪污处理行为规范的外在表征，充分体现了大多数养殖户对畜禽粪污资源化利用的态度倾向。因此，养殖户碍于"面子"往往不好意思违背多数养殖户的共同价值取向而随意丢弃畜禽粪污，推动了养殖户开展畜禽粪污资源化利用行为。

从村规民约发挥的作用角度看，首先，村规民约的遵守情况对养殖户畜禽粪污资源化利用行为的影响在 5% 的水平上正向显著，表明遵守畜禽粪污资源化利用方面村规民约的人越多，越有助于养殖户开展资源化利用行为。当村内大部分养殖户都遵守村规民约的要求，对畜禽粪污进行资源化利用时，单个养殖户为了"合群"而不被孤立，往往会选择进行畜禽粪污的资源化利用。其次，是否有专人监管养殖粪污问题对养殖户的畜禽粪污资源化利用行为在5％的水平上呈正向影响，表明专人监管有助于促使养殖户自觉开展畜禽粪污的资源化利用，从而降低环境污染风险。在熟人社会中，作为村民的养殖户都在乎自身的"面子"和"身份"，为避免因污染环境被监管发现而受到批评，影响自家在村内的口碑，养殖户通常会选择开展畜禽粪污资源化利用。

从控制变量看，当养殖户对畜禽粪污的大气/土壤/水源污染的认知程度越高，其会越倾向于开展畜禽粪污资源化利用。养殖户对环境污染问题的理解程度越高，越有利于养殖户进行畜禽粪污资源化利用，以降低可能的环境污染风险。养殖户对于畜禽粪污是否有必要处理的认知越高，就越可能开展畜禽粪污资源化利用。

（2）稳健性检验

为检验基准模型回归结果的可靠性和保证研究的严谨性，本章采取了两种方法进行稳健性检验。

稳健性检验一：替换计量模型。替换计量模型是通过采用不同的计量模型，检验实证结论是否具有一致性。替换计量模型是稳健性检验常用方法之一，参考已有文献做法（聂峥嵘 等，2021；盖豪 等，2020），文中采取 Probit 模型进行稳健性检验，回归结果如表 11-7 回归（1）所示。可以看到，核心自变量的系数方向和显著性与表 11-6 结论一致，表明基准回归结果稳健。

稳健性检验二：增加控制变量。考虑到调研地区在经济发展水平、自然资源条件方面有一定的差异，而不同的地区因素可能对基准估计结果形成一定影响。故参考已有研究经验（何可 等，2015；闫晗 等，2021；蒋瑛 等，2019），为避免遗漏地区变量可能导致的估计结果有偏和不一致，文中进一步在回归模型中加入地区控制变量，以进行稳健性检验，回归结果如表 11-7 回归（2）所示。可以发现，核心自变量的系数方向和显著性结果与基准回归一致，再次验证了基准回归结果的稳健性。

表 11-7　稳健性检验结果

变量名称	回归（1）Probit 模型		回归（2）Logit 模型	
	系数	标准误	系数	标准误
是否有畜禽粪污资源化利用的村规民约	5.348***	1.016	11.239***	2.482
村规民约的遵守情况	0.715***	0.279	1.493***	0.578
是否有专人监管养殖粪污问题	1.229**	0.519	2.303**	1.032

（续）

变量名称	回归（1）Probit 模型		回归（2）Logit 模型	
	系数	标准误	系数	标准误
年龄	−0.001	0.024	−0.042	0.059
受教育年限	−0.032	0.073	−0.112	0.157
养殖年限	0.001	0.020	0.021	0.040
养殖规模	0.017	0.016	0.025	0.025
大气/土壤/水源污染认知	2.610***	0.541	5.796***	1.358
环境污染认知	0.942***	0.259	2.129***	0.604
畜禽粪污处理认知	0.712**	0.201	1.387***	0.481
环境规制严厉程度	0.005	0.243	0.313	0.732
环境规制压力变化	−0.272	0.425	−0.915	0.481
是否有养殖户因畜禽养殖粪污被村干部劝诫	0.116	0.472	0.279	0.922
地区控制变量	—	—	0.558*	0.289
常数项	−10.777**	3.024	−22.574***	6.587

注：***、**、* 分别代表在 1%、5%、10% 的统计水平上显著。

三、村规民约对养殖户畜禽粪污资源化利用程度的影响

生产实践中，养殖户在处理畜禽粪污时可能并不是简单地全部资源化利用，而可能存在处理部分畜禽粪污，部分废弃的情况，这显然就涉及畜禽粪污资源化利用程度的问题。为此，有必要进一步探讨村规民约与养殖户畜禽粪污资源化利用程度间的关系。

1. 模型构建

养殖畜禽粪污资源化利用行为分为两个阶段：第一阶段是奶牛养殖户是否进行畜禽粪污资源化利用，第二阶段是养殖户畜禽粪污资源化利用的程度。对于未进行畜禽粪污资源化利用的养殖户，虽然无法观察到其畜禽粪污资源化利用的程度，但若将未进行畜禽粪污资源化利用的养殖户排除在外，仅分析进行畜禽粪污资源化利用的养殖户样本，会导致样本估计的选择性偏误问题。而 Heckman 两阶段模型能够校正样本选择性偏误问题，故文中拟构建 Heckman 两阶段模型如下：

第一阶段，可将养殖户畜禽粪污资源化利用行为看作一个二元变量 Y_{1i}，其中 $Y_{1i}=1$ 表示养殖户 i 进行畜禽粪污资源化利用，而 $Y_{1i}=0$ 表示养殖户不进行畜禽粪污资源化利用，建立 Probit 模型分析村规民约对养殖户是否进行

畜禽粪污资源化利用的影响，方程如下：

$$probit(Y_{1i} = 1) = X_{1i}\beta_1 + X_{2i}\beta_2 + X_{3i}\beta_3 + \mu_i \quad (11-2)$$

式（11-2）中，X_{1i} 为是否有相关的村规民约，X_{2i} 为村规民约是否发挥作用，X_{3i} 为控制变量，μ_i 为随机误差项，β_1、β_2、β_3 为常数项。第一阶段的估计中可以计算获得逆米尔斯比率 λ_i。

第二阶段，针对进行畜禽粪污资源化利用的养殖户展开进一步分析，Y_{2i} 表示养殖户畜禽粪污资源化利用程度，即养殖户畜禽粪污资源化利用的比例。当 $probit(Y_{1i} = 1)$ 时，才能观测到 Y_{2i}。建立 OLS 模型分析村规民约对养殖户进行畜禽粪污资源化利用程度的影响。

$$Y_{2i} = X_{1i}\gamma_1 + X_{2i}\gamma_2 + \lambda_i\gamma_3 + \xi_i \quad (11-3)$$

式（11-3）中，γ_1、γ_2、γ_3 为相关系数，ξ_i 为随机误差项，其他符号与式（11-2）含义相同。第二阶段中，逆米尔斯比率 λ_i 作为工具变量添加到模型中，修正第二阶段的样本选择性偏差。

2. 变量设定

为进一步探究村规民约对养殖户进行畜禽粪污资源化利用程度的影响，文中设定被解释变量为"畜禽粪污资源化利用程度"。控制变量的含义和赋值情况与表 11-5 一致，本处不再进行汇报。被解释变量与核心自变量如表 11-8 所示。

表 11-8 变量含义及赋值情况

变量名称	含义及赋值	均值	标准差
被解释变量			
畜禽粪污资源化利用程度	养殖户畜禽粪污资源化利用比例（%）	0.68	0.36
核心解释变量			
是否有畜禽粪污资源化利用的村规民约	村内是否有关于养殖粪污资源化利用的村规民约：是=1；否=0	0.77	0.42
村规民约的遵守情况	村民会自觉遵守村规民约吗：很多人不会=1；较多人不会=2；一半人会=3；较多人会=4；很多人会=5	2.42	1.18
是否有专人监管养殖粪污问题	村内是否有专人监管养殖粪污堆放和处理问题：是=1；否=0	0.48	0.50
控制变量	控制变量的含义及赋值与表 11-5 一致		

3. 实证结果分析

（1）基准回归结果

文中运用 Heckman 两阶段模型在克服样本选择性偏差问题的基础上，拟合回归了村规民约对奶牛养殖户畜禽粪污资源化利用程度的影响,结果如表 11-9 所示。可以发现,逆米尔斯比率在 5% 的水平显著,表明样本中存在选择性偏差问题,使用 Heckman 两阶段模型是合理的。

表 11-9 Heckman 两阶段模型回归结果

变量名称	第一阶段 (畜禽粪污资源化利用行为)		第二阶段 (畜禽粪污资源化利用程度)	
	系数	标准误	系数	标准误
是否有畜禽粪污资源化利用的村规民约	5.348***	1.016	0.119***	0.039
村规民约的遵守情况	0.715***	0.279	0.149*	0.279
是否有专人监管养殖粪污问题	1.229**	0.519	0.004	0.011
年龄	−0.001	0.024	—	
受教育年限	−0.032	0.728	0.004**	0.002
养殖年限	0.001	0.020	—	
养殖规模	0.017	0.016	0.000	0.000
大气/土壤/水源污染认知	2.610***	0.541	0.032**	0.015
环境污染认知	0.942***	0.259	0.003	0.007
畜禽粪污处理认知	0.712***	0.201	0.024***	0.006
环境规制严厉程度	0.005	0.243	—	
环境规制压力变化	−0.272	0.425	—	
是否有养殖户因畜禽养殖粪污被村干部劝诫	0.116	0.472	−0.032	0.014
常数项	−10.777***	3.024	0.558***	0.064
观测值	317		251	
逆米尔斯比率	—		0.051**	0.028
瓦尔德检验值 (Wald χ^2)		42.74***		

注:***、**、* 分别代表在 1%、5%、10% 的统计水平上显著。

从表 11-9 中第一阶段的估计结果来看,是否有畜禽粪污资源化利用的村规民约在 1% 的统计水平上显著,且系数为正,表明村规民约能够促进养殖户进行畜禽粪污资源化利用。从第二阶段的回归结果看,是否有畜禽粪污资源化利用的村规民约在 1% 的统计水平上正向显著,表明村规民约能够促进养殖户提高畜禽粪污资源化利用的程度。由此可以看出,村规民约会对养殖户形成有效约束,养殖户为了在村内树立良好的形象与口碑,会在村规民约的要求下提高畜禽粪污资源化利用的程度,以提升个人在村内的名誉。

在村规民约发挥的作用方面。首先,从村规民约的遵守情况看,第一阶段回归结果表明,村规民约的遵守情况对养殖户的畜禽粪污资源化利用行为具有显著正向影响，即村规民约的遵守情况越好，越有利于养殖户进行畜禽粪污资源化利用；第二阶段估计结果显示，村规民约的遵守情况对养殖户畜禽粪污资源化利用程度的影响在 10％的水平上正向显著，即村规民约有助于养殖户畜禽粪污资源化利用程度的提高。其次，从是否有专人监管养殖粪污问题看，第一阶段回归结果显示，是否有专人监管养殖粪污问题在 5％的水平上正向显著，意味着在有专人监管时，养殖户会更在意监管人员批评所导致的个人"面子"和"名声"受损，为此养殖户会选择尽可能开展畜禽粪污资源化利用，以避免受到批评；但第二阶段估计结果显示，是否有专人监管对养殖户的畜禽粪污资源化利用程度并未产生显著影响，上述情况一定程度上意味着专人监管主要是能够督促养殖户开展畜禽粪污资源化利用，但却无法有效提升养殖户的畜禽粪污资源化利用程度。

从控制变量的估计结果来看，受教育年限越长，养殖户越可能提高畜禽粪污资源化利用程度。养殖户越能认识到畜禽粪污对大气/土壤/水源的污染问题，越会提高畜禽粪污资源化利用程度。养殖户认为畜禽粪污有必要进行处理时，越可能进行畜禽粪污资源化利用，并提高畜禽粪污资源化利用程度。

（2）稳健性检验

为检验 Heckman 两阶段模型回归结果的可靠性，文中进行了稳健性检验。由于不同调研地区的经济发展水平、自然资源、文化等条件存在一定差异，可会对养殖户畜禽粪污资源化利用程度产生影响，故文中参考王涛，袁牧歌（2019）的做法，进一步加入地区控制变量，以检验回归结果的稳健性。回归结果如表 11-10 所示。根据回归结果可见，核心变量的系数方向与显著性和基准回归中的结论一致，表明回归结果稳健。

表 11-10　稳健性检验结果

变量名称	第一阶段（资源化利用行为）		第二阶段（资源化利用程度）	
	系数	标准误	系数	标准误
是否有畜禽粪污资源化利用的村规民约	5.704***	1.129	0.114**	0.038
村规民约的遵守情况	0.775***	0.298	0.112*	0.009
是否有专人监管养殖粪污问题	1.219**	0.545	0.007	0.011
年龄	−0.020	0.028	—	—
受教育年限	−0.033	0.082	0.003**	0.002
养殖年限	0.011	0.020	—	—
养殖规模	0.015	0.014	0.000	0.000
大气/土壤/水源污染认知	2.818***	0.608	0.030**	0.014

（续）

变量名称	第一阶段 （资源化利用行为）		第二阶段 （资源化利用程度）	
	系数	标准误	系数	标准误
环境污染认知	1.009***	0.280	0.003	0.006
处理认知	0.704***	0.209	0.022***	0.006
环境规制严厉程度	0.089	0.258	—	—
环境规制压力变化	−0.472	0.447	—	—
是否有养殖户因畜禽养殖粪污被村干部劝诫	0.054	0.494	−0.030	0.014
地区控制变量	0.298*	0.154	0.008**	0.004
常数项	−11.217***	3.250	0.612***	0.068
观测值	317		251	
逆米尔斯比率	—		0.049*	0.028
瓦尔德检验值（Wald χ^2）	51.46***			

注:***、**、*分别代表在1%、5%、10%的统计水平上显著。

四、研究结论

本章运用 Logit 模型与 Heckman 两阶段模型实证分析了村规民约对养殖户畜禽粪污资源化利用行为以及畜禽粪污资源化利用程度的影响。为细致探讨村规民约的作用，文中从村内是否有畜禽粪污资源化利用相关村规民约，以及村规民约是否发挥作用两个方面，引入计量模型并进行了实证分析。研究发现：

第一，关于村规民约与养殖户畜禽粪污处理行为的分析发现：首先，村内有相关的村规民约有助于养殖户开展畜禽粪污资源化利用；其次，村规民约作用的发挥有利于养殖户进行畜禽粪污资源化利用，村规民约的遵守情况、是否有专人监管都对养殖户的畜禽粪污资源化利用行为具有显著正向影响。

第二，关于村规民约与养殖户畜禽粪污资源化利用程度的分析发现：首先，村内有相关的村规民约有助于提高养殖户畜禽粪污资源化利用的程度；其次，村规民约作用的发挥有助于养殖户提高畜禽粪污资源化利用的程度。具体而言，村规民约的遵守情况越好，越有利于养殖户提高畜禽粪污资源化利用的程度；专人监管可能主要可以监督养殖户开展畜禽粪污资源化利用，但却无法有效提升养殖户畜禽粪污资源化利用的程度。

上述结果表明，在"熟人社会"的农村地区，养殖户会按照村内约定俗成的规则指导个人行为，村规民约作为一种软约束，对养殖户畜禽粪污资源化利用行为具有有潜移默化的影响。为此，有必要进一步加强村规民约建设，弘扬优良乡风文明，引导村民遵守村规民约，使村规民约深入人心，发挥好村规民约在养殖户畜禽粪污资源化利用过程中的积极作用；同时，进一步建立健全村规民约的监督机制，强化监督约束效果，监督引导养殖户畜禽粪污资源化利用行为，推进养殖业绿色健康与可持续发展。

第十二章　县域视角下的农村人居
环境整治问题分析

农村是城市的后花园，是望得见山、看得见水、留得住乡愁的重要载体和依托，构建生态优美的自然环境、整洁健康的生活环境以及人与自然和谐相处的生态宜居型乡村，是我国乡村振兴工作的重要内容（张新华，2019）。进入21世纪以来，随着社会经济发展的不断提速，我国乡镇经济也得到了极大的提升，现代农业与农村经济的飞速发展使得传统的乡村生活也得到了很大改善，但与之对应的乡村生态建设却始终无法有效转化为农村发展的内在驱动力。相反，部分地区在经济发展的同时导致了乡村生态环境严重的污染问题，村民望不见青山、看不见绿水、记不住乡愁的问题日益引起了全社会的广泛关注。

一、我国农村人居环境整治的提出

习近平总书记指出"要建设好生态宜居的美丽乡村，让广大农村居民在乡村振兴中有更多获得感、幸福感"。这其中，生态是指要推进生态环境保护，实现人与自然的和谐共生；宜居是指要给老百姓提供干净舒适的居住环境。自党的十八大首次提出"美丽中国"建设目标，强调了中国要美农村必须更美的发展思路后，十九大报告进一步在乡村振兴战略中明确了"生态宜居"这一具体内容，着重突出了生态宜居美丽乡村建设的重要意义；二十大报告更进一步提出了"建设宜居宜业和美乡村"的发展目标，强调了要提升环境基础设施建设水平，推进城乡人居环境整治。在此背景下，推进农村人居环境整治，必然就成为现阶段"三农"工作的重要内容。

近年来，党中央高度重视农村人居环境整治工作的推进。继2018年《农村人居环境整治三年行动方案》发布后，2021年全国进一步启动了"农村人居环境整治提升五年行动"。同时，2019—2024年连续6年的中央一号文件持续将农村人居环境整治作为了当年政府工作的重点任务。根据当前农村人居环境实际情况，现阶段我国主要将农村的厕所改造、生活污水治理、生活垃圾收运处置以及村容村貌提升等作为了农村人居环境整治的重点工作。即：一是分类推进农村厕所革命，以农村厕改质量与成效提升为目标，大力实施农村厕改工作。二是开展农村生活污水与黑臭水体治理试点，完善各级河、湖长履职尽责体系，编制相关专项治理规划。三是完善农村生活垃圾治理体系建设，积极开展垃圾围坝治理，依托垃圾收运处置体系的构建与完善，实现资源回收利用与环境卫生的有效改善；不断加强人居环境管护机制建设，推动治理效果的持续提升。四是推动村容村貌整体提升，改善村庄公共环境，推进乡村绿化美化，加强乡村风貌引导。

二、县域农村人居环境整治情况分析——以内蒙古奈曼旗为例

我国农村人居环境整治工作中，由于各区域地理位置、空间范围、自然经济社会条件等方面存在较大差异，其农村人居环境整治情况也不尽相同。县级政府作为我国行政管理体制中的重要基层政权，在"三农"事业中发挥着巨大作用；相比乡镇政府而言，县级政府在政策制定和财政支出方面具有更大的自主权，在农村人居环境整治方面发挥着重要的作用。为此，基于县域层面探讨农村人居环境整治问题，对于未来进一步完善和推进农村人居环境整治工作具有重要意义。

内蒙古自治区作为我国重要的粮食生产与畜牧产业基地，其农村牧区人居环境整治情况及经验对于丰富和完善我国人居环境整治体系具有重要价值，能够为最终实现美丽乡村发展目标起到重要支撑作用。奈曼旗作为内蒙古地区典型的农牧业生产大县，其半农半牧的地理区域特征、农牧业结合的生产经营特点，以及多民族聚居生活的社会经济特色，使其农村人居环境整治工作具有了很强的典型性与代表性。为此，围绕乡村振兴中的"生态宜居"建设目标，课题组将奈曼旗作为典型县域地区，对其农村人居环境整治情况开展了专项调研，并以该旗为典型案例，探讨县域农村人居环境整治的基本情况。

2020 年，课题组赴奈曼旗展开大面积问卷调查工作。在调研方式上，本次调研采取了线上线下方式同步开展。其中，线下调研工作由各课题组成员通过分组入户方式进行；线上部分则选取内蒙古民族大学中奈曼旗户籍学生作为调研员，在经过系统化培训后，通过由课题组成员作为组长线上指导、奈曼籍学生为组员分组线下入户方式展开问卷调查，有效发挥了当地学生熟悉本地情况、入户便捷、与受访户沟通顺畅等优势。本次调研区域覆盖奈曼旗所辖 17 个乡镇，共获得有效样本 1 307 户。

1. 农村"厕所革命"基本情况

近年来，奈曼旗按照"因地制宜、示范引领、规划先行、建管并重、长效运行"的工作思路，结合实际分批次、分阶段全面推进"厕所革命"。2020

年，全旗以嘎查（村）为单位从具备改建条件和具备改建意愿两方面对113 367户农牧民进行了摸排，并在实地勘察的基础上，制定了厕改类型、推进批次和计划，形成阶梯式推进工作格局。奈曼旗在义隆永镇西地村、大沁他拉镇沙日塘村建造"三格粪池式"标准化户厕，并在沙日塘村设旱厕样板房，用于典型示范展示。

（1）农村厕所现状

从样本户已有厕所情况来看，1 307户受访农户中，94.68％的家庭为旱厕、3.18％的家庭为水冲式厕所、2.14％的家庭同时拥有水冲式厕所和旱厕。总体来看，旱厕仍是目前农户家庭厕所的主要类型，水冲式厕所普及程度不高，具体如图12-1所示。

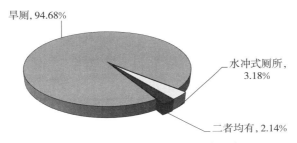

图12-1　奈曼旗现有农村厕所主要类型

从现有厕所建筑结构来看，奈曼旗农村厕所总体情况相对较好，但仍有部分样本户家庭的厕所较为简陋。一是82.31％的受访家庭厕所具有砌砖遮拦，17.69％受访家庭为简易遮拦；二是68.34％的样本户厕所为水泥地面，但仍有31.66％的样本户家庭厕所地面为非硬化地面；三是大部分受访家庭的厕所安装有顶棚，占受访家庭总数的86.21％，但仍有13.79％的样本户家庭为露天厕所。具体如表12-1所示。

表12-1　奈曼旗农村厕所结构情况

厕所结构	厕所结构分类	占比（％）
遮拦类型	砌砖遮拦	82.31
	简易遮拦	17.69
地面状况	水泥地	68.34
	非水泥地	31.66
顶棚状况	有顶棚	86.21
	无顶棚	13.79

（2）现有农村厕所粪污清掏情况

在厕所清掏方式上，奈曼旗农村厕所仍以人工清掏为主，少数家庭利用抽粪泵机械清掏。调研样本中，1 097 户以人工清掏方式处理厕所粪污，占总样本量的 83.93%；其中，1 010 户为自行清掏，仅有 87 户雇人清掏。利用抽粪泵进行粪便清掏的样本户家庭为 210 户，仅占受访农户的 16.07%；其中，租用抽粪泵的农户占比达到 96.31%，自行购买设备的家庭仅占 3.69%。具体如表 12 - 2 所示。

表 12 - 2　农村居民厕所粪污清掏情况

项目	项目分类	占比（%）
清掏方式	抽粪泵清掏	16.07
	人工清掏	83.93
人工清掏方式	雇人清掏	7.93
	自己清掏	92.07
抽粪泵清掏方式	租用抽粪泵	96.31
	自有抽粪泵	3.69

（3）农户对厕改的参与意愿

在厕改参与意愿方面，奈曼旗当地农户对于参与厕改总体上持积极态度。总样本中 75.18% 的样本户表示愿意参与厕改，有 24.82% 的样本户表示不愿意参加厕改。

从厕改类型来看，水冲式厕所更多受到愿意参与厕改的农户的欢迎。在愿意参加厕改的样本户中，66.12% 的农户期望改建为水冲式厕所，其愿意支付的厕改费用均值为 784 元；33.88% 的农户表示想继续改为旱厕，主要原因为更习惯使用旱厕，水冲式厕所使用起来太麻烦。具体如表 12 - 3 所示。

表 12 - 3　农户愿意厕改的类型情况

项目	项目分类	占比（%）
意愿改建类型	旱厕	33.88
	水冲式厕所	66.12

（4）农村厕改开展情况

截至 2020 年课题组调研期间，978 户样本家庭所在村庄尚未开展厕改，占比为 74.83%，329 户样本家庭所在村庄已经开展了厕改，占比 25.17%。其中，居住在已开展厕改村庄中的 329 户受访家庭中，有 226 户已参与了厕改，占比为 68.69%；另外的 103 户没有参与厕改，占比为 31.31%。

从已进行厕改的类型来看，已进行厕改的样本中有 108 户改建为水冲式厕所，占厕改样本户的 47.79%；118 户改建为旱厕，占厕改样本户的 52.21%。在厕改补贴方面，85 户厕改家庭提到自己收到了实物补贴，占比为 37.61%；55 户厕改家庭提到自己收到了资金补贴，占比为 24.34%；38.05% 的厕改家庭认为自己虽然参与了厕改，但没有收到补贴。在厕所改造过程中，除了政府给予农户一部分补贴外，还需农户自己承担一部分厕改费用，调查中发现，厕改农户自行支出费用的均值为 615.8 元。

在厕改效果方面，已厕改的样本户中认为改建后的厕所更加牢靠、安全的有 119 户，占比为 52.65%；认为厕所环境变得更好的有 131 户，占比为 57.96%；认为厕所使用更加方便的有 64 户，占比为 28.32%；认为厕改前后没有变化的有 19 户，占比为 8.41%。此外，对厕改后效果不满意的有 12 户，占比为 5.31%；认为厕改后维护麻烦的有 7 户，占比为 3.10%。需要说明的是，由于部分样本户对于厕改效果的评价包括多个方面，因此上述评价结果中的样本户存在有交叉情况。

2. 农村生活污水处理情况

生活水平的不断提高带动了农村居民生活用、排水量的上升，近年来，奈曼旗农村生活污水排放量逐渐增大，在有限的处理能力下，大量生活污水已对当地环境形成较大威胁，有效处理生活污水已成为改善农村人居环境的迫切需要。

（1）农村生活污水情况

农户作为农村人居环境中的生活主体，其对当地生活污水引发的污染问题有着最直接的感受。据此，课题组通过对受访户生活污水污染问题开展调研，以期形成对农村生活污水污染状况的有效刻画。

总体来看，样本户尚不认为生活污水会对自身周边的生活与生态环境形成污染威胁。受访户中，仅 46 户认为生活污水对自己所在村庄形成了非常严重的污染，占比 3.52%；有 99 户认为生活污水导致的污染问题比较严重，占比 7.57%；有 388 户认为生活污水的污染问题一般，占比 29.69%；有 551 户认为生活污水的污染问题不怎么严重，占比 42.16%；有 223 户认为没有生活污水的污染问题，占比 17.06%。具体如图 12-2 所示。

（2）农村生活污水现有主要处理方式

现阶段，奈曼旗农村生活污水的主要处理方式为房前屋后排放、排放至渗水井、周边林地排放，以及乡镇周边农村少量的生活污水管道排放。在所访问的样本户中，有 507 户建造了渗水井，其建造渗水井的平均费用为 1 015 元；但上述渗水井并未全部使用，其中只有 382 户通常将生活污水排放到渗水井里，占总样本量的 29.23%。将污水排放到房前屋后的有 557 户，占比为

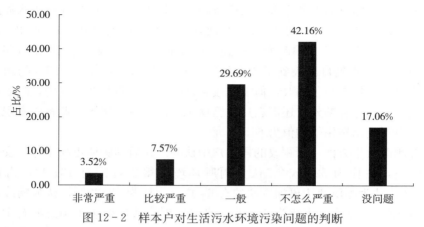

图 12-2 样本户对生活污水环境污染问题的判断

42.62%。排放到周边果树林地的有 170 户，占比为 13.01%。排入管道统一处理的有 111 户，占比为 8.49%。还有 6.66% 的农户使用其他方式来处理生活污水。具体如图 12-3 所示。

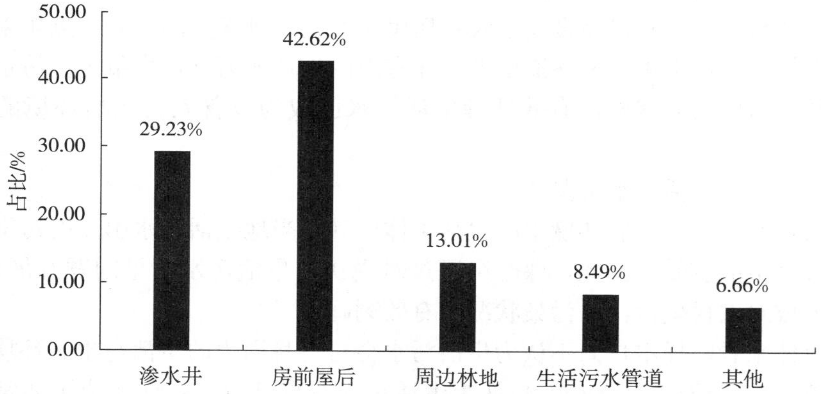

图 12-3 生活污水现有主要排放方式

（3）农户对生活污水治理问题的态度

在生活污水的治理问题上，多数农户认为有必要对越来越多的生活污水进行有效处置。受访户中，仅有 73 户认为村里的生活污水完全没有必要治理，占比 5.59%；有 284 户认为没有必要治理，占比 21.73%；有 216 户认为治不治理无所谓，占比 16.53%；有 597 户认为有必要治理，占比 45.68%；有 137 户认为非常有必要治理，占比 10.48%。具体如图 12-4 所示。

（4）农户生活污水治理费用支付意愿

通过调查发现，样本户中 54.91% 的家庭愿意为生活污水处理支付费用，意愿支付金额均值为 500 元，其对于生活污水治理的积极性较高；但仍有

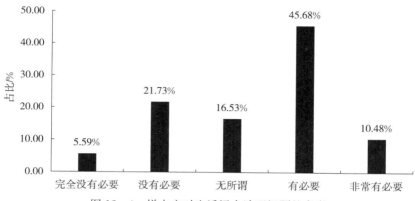

图 12 - 4　样本户对生活污水治理问题的态度

45.09％的农户表示不愿意为处理生活污水而支付额外费用。

3. 农村生活垃圾处理情况

随着现代农村生活节奏的加快与生活水平的提高，奈曼旗农村生活垃圾产生量也急剧增加，如何有效处理生活垃圾，提高农村环境整体整洁度已成为当地人居环境面临的重要挑战。

（1）农村生活垃圾处理现状

奈曼旗各乡镇已基本建立生活垃圾无害化处理设施，生活垃圾导致的环境污染问题得到一定的改善。从问卷情况来看，样本中仅有 61 户认为自己所在村庄因生活垃圾随意丢弃、乱堆乱放、随意填埋导致的污染问题非常严重，占比为 4.67％；样本中有 198 户认为生活垃圾污染问题比较严重，占比15.15％；有 510 户认为生活垃圾污染程度一般，占比为 39.02％；有 432 户认为生活垃圾污染问题较为轻微，占比为 33.05％；有 106 户认为没有垃圾污染问题，占比为 8.11％。具体如图 12 - 5 所示。

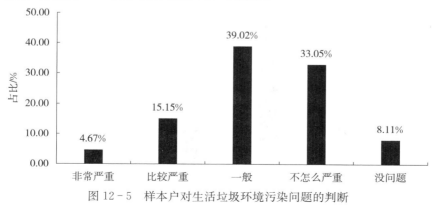

图 12 - 5　样本户对生活垃圾环境污染问题的判断

（2）农村生活垃圾现有主要处理方式

奈曼旗农户生活垃圾处理方式已相对完善，但乱扔乱丢现象依然存在。从调研结果来看，141 户受访家庭通常将生活垃圾扔到房前屋后，占总样本的 10.79%；223 户受访家庭习惯将生活垃圾扔到附近的沟渠，占总样本的 17.06%；797 户受访家庭主动将生活垃圾放置到垃圾集中处理池，占总样本的 60.98%；26 户受访家庭存在垃圾随意丢弃问题，在总样本中占比 1.99%；还有 9.18% 的样本农户通过焚烧方式对生活垃圾进行处理。具体如图 12-6 所示。

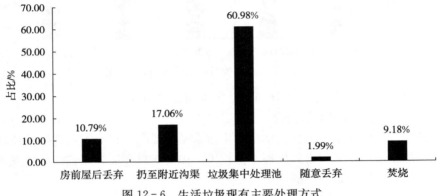

图 12-6　生活垃圾现有主要处理方式

（3）农户对生活垃圾治理问题的态度

在生活垃圾治理问题上，受访农户多数认为有必要采取有效方式进行治理。样本中有 218 户认为非常有必要加强治理，占比 16.68%；719 户认为有必要进一步加强治理，占比 55.01%；190 户对是否需要加强治理持无所谓的态度，占比 14.54%；134 户认为没有必要加强治理，占比 10.25%；另外还有 46 户认为所在村庄的生活垃圾完全没有必要进行治理，占比 3.52%；具体如图 12-7 所示。

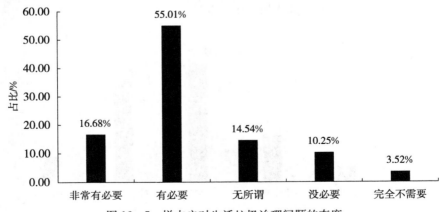

图 12-7　样本户对生活垃圾治理问题的态度

（4）农户生活垃圾治理费用支付意愿

调查数据显示，45.91％受访家庭愿意为处理生活垃圾支付费用，其愿意支付的平均金额为 236 元；54.09％的样本家庭表示不愿意为生活垃圾治理而付费，占比超过了 1/2。综合来看，当地农户参与垃圾治理的积极性虽然很高，但其费用支付意愿较低。

三、县域农村人居环境整治面临的主要问题

为进一步探讨县域层面农村人居环境整治过程中面临的相关问题，文中继续以奈曼旗为例，结合调研发现展开相关讨论。近年来，该旗在农村人居环境整治方面的工作力度不断加大，乡村生活环境获得了极大改善，农村居民幸福感持续提升。但是，农村人居环境质量的改善与提升是一项复杂的整体工程，不仅与地区经济社会条件、基础设施建设水平等有关（刘鹏，崔彩贤，2020；韩玉祥，2021），还受到农村居民生活习惯、文化程度、环境认知等多种因素的制约（Gao et al.，2019；庄林政 等，2021），这在奈曼旗农村居住环境治理中也有明显体现。

1. 人居环境整治硬件条件不断完善，但配套设施建设仍相对滞后

通过持续建设，奈曼旗在农村生活垃圾集中处置、卫生厕所推广普及、生活污水治理与村容村貌治理等方面已取得显著成效。通过分类垃圾桶、垃圾集中处理池等方式对村庄中的生活垃圾进行了有效回收；利用示范带动、财政补贴等形式推进了农村厕改工作的有效开展；乡镇附近部分村庄进行了污水排放管道的建设与使用；嘎查（村）全部配备村级保洁员，对村中主干道等卫生进行日常打扫，村庄整体卫生状况得到有效提升。但同时也需要看到，在相关配套基础设施建设方面，当地仍面临着较大的挑战。例如，在生活垃圾统一集中回收后，由于缺乏统一的垃圾填埋场与处理设施，不少村集体对如何无害化处置这些生活垃圾面临着难题。厕改实施后，不少村民选择安装了水厕，但由于缺乏粪污排放管网，当地水厕都是通过每家每户安装独立储粪罐的方式存储粪污，储粪罐后期谁负责清掏、是否能及时清掏以及相关费用问题成为了厕改工作持续推进过程中的难点问题。生活污水收集与处理难，相较南方村庄在空间分布上的相对集中、且城镇化水平较高的情况而言，以奈曼旗为代表的北方农村在空间布局上相当分散，村与村之间的距离较远，不少嘎查（村）距乡镇政府所在地更是有相当长的距离，完全铺设生活污水管网显然不现实，采取城市生活污水集中收集与集中处理的方式可能并不符合北方多数农村的现实情况，生活污水处理问题对当地政府形成了较大的挑战。

2. 农村人居环境整治相关配套技术的研发与适用性仍有待提高

在农村人居环境整治技术的选择与运用方面，有必要综合考虑地区自身特点、经济社会发展水平、自然环境等多方面的因素。然而，现有部分农村人居环境整治技术在原理与方案设计等方面，存在有适应性不强，技术规范性与地方实际情况不配套等问题，可能导致相关人居环境整治设施与设备的闲置问题。例如，若简单套用城市污水的治理思路建设污水处理厂，则高昂的建设成本与日常运行维护费用，可能会导致基层政府在污水处理厂后期运营资金的持续投入上面临极大压力。农村生活垃圾分类处理包括垃圾收集、运输和无害化处置等多个环节，各环节均需要大量的经费支持，在此情况下，尽管"户分类、村收集、镇转运、县处理"模式思路很好，但也需要强大的地方财政作为支撑，这对县级政府的财政无疑将形成较大的挑战。在农村生活垃圾处理技术上，现有简单的垃圾填埋与焚烧，其产生的垃圾渗滤液与有害气体还会导致土壤、地下水与空气的污染问题，引发二次污染，同时由于缺乏回收环节也容易造成资源的浪费（Han et al.，2018；席北斗 等，2019）。

3. 农村居民对于生活环境整治的认知与参与度不高

作为村庄内人居环境整治的主体力量，农户的积极参与是确保人居环境整治工作高效有序推进的重要保障。然而，从现阶段情况来看，"政府强推动、农户弱参与"的问题在农村环境治理过程中较为普遍。例如，在畜禽粪污的环境污染问题上，养殖户之间基本上都不认为别人家的牲畜粪污会对自己的生活环境造成影响，当然这在一定程度上也有着"互不嫌弃"的基本逻辑判定；在此情况下，家家户户基本都养殖有牲畜时，农户极有可能不认为或不承认牲畜粪污的环境污染风险，其主动参与治理的积极性便受到了影响。由于传统生活习惯，村民对于当前的生活环境往往具有较高容忍度，加之目前我国村庄人口老龄化情况普遍，老年村民对于新的生活习惯接受度不高，水冲厕所、垃圾分类与集中处理等人居环境整治技术与措施有时较难得到其认同，农村人居环境整治工作的认知度与参与度受到一定影响。

4. 长效监管与运行机制有待完善

农村人居环境整治"三分靠建，七分靠管"，良好的村庄生活环境不仅需要完善的配套设施，更离不开长期有效的运行与监管。由于基层环保力量相对不足，再加上管理和运行制度不健全，部分农村人居环境设施在建成后面临着后续运营维护不到位的情况。例如，调研中发现部分村庄已放置了大量的垃圾桶、垃圾箱，并建有大型垃圾池等中转设施，但对于如何进行垃圾转运、无害化处置及运营维护等问题，村委会相关成员并不能进行准确说明，重视建设、忽视管理的情况较为突出。此外，有效的监督与评估环节是确保人居环境项目有效落实与可持续推进的重要保障，但相对于大量细碎的农村人居环境工作，基层环保部门相对薄弱的力量无法对各项目具体环节形成有效的评估与监管，也在一定程度上制约了农村人居环境整治效果的进一步提升。

四、推进农村人居环境整治工作的对策建议

随着我国乡村振兴战略的不断推进，农业产业体系结构优化将进一步深入，农村人居环境整治在乡村振兴战略中发挥着越来越重要的支撑作用（胡钰 等，2019）。基于上述分析，农村人居环境整治有必要进一步在农户主体地位、基础设施、技术、体制机制上做足文章，推进农村人居环境整治工作的持续深入。

1. 突出农户主体地位，有效提升农村居民对人居环境整治的参与度

一是强化农户在农村人居环境整治过程中的主体地位。农村人居环境整治过程中，农户始终是整个治理工作的受益者与监督者，其自觉参与性是农村环境整治工作有效推进的内在动力。农村人居环境整治工作是一项体系化、系统化的工程，涉及政府、市场和农户多个方面，只有农户的主体地位得到切实体现，农村生活环境的治理效果才能落地变实。在具体工作中，要对农户的需求建立快速响应机制，通过垃圾分类处理、生活污水治理，以及村内道路通畅整洁等细节，为农户营造良好的生活环境；吸引有能力、有声望的农村居民参与到村庄环境整治工作中，发挥农户作为建设者和监督者的职能，体现农户在环境整治中的主体地位；完善环境保护奖惩机制，对于不履行农村生活垃圾处理、污水治理相关规定的行为进行坚决抵制。二是要多渠道宣传农村人居环境整治工作，充分调动农户参与村庄环境整治的主动性。利用好培训、广播、电视及各类新媒体的宣传功能，普及环境保护的作用以及环境污染的危害，帮助农村居民了解掌握环保知识及相关法律法规；有效发挥基层党组织在村庄环境治理中的引领示范作用，村干部、基层党员要带头和非党员家庭开展"结对子"联合，共同推进和维护好村庄清洁行动；突出村规民约中的环境保护功能，用通俗易懂的村规民约阐释人居环境整治相关条款，通过邻里之间的道德规范激励农户积极参与村庄生活环境的治理与保护，让农户真正成为农村人居环境整治工作的主体。

2. 强化科技支撑功能，提升农村人居环境整治技术的适用性

一是以低成本、易维护为导向，选择和鼓励一批新型处理技术在农村人居环境整治领域的示范与应用。农村人居环境整治工作在确保环境治理效果的同时，还应充分兼顾相关治理技术、手段与设施的低能耗、低费用、易维护和方便运营管理的需求。尽管我国在垃圾处置、污水处理与厕所改造等方面积累了较多成熟技术，但不能简单照搬城市人居环境整治的相关方法与措施，要充分

考虑农村地区在经济水平与承受能力等方面的特点，注重相关技术的使用成本与后期运营维护问题。二是因地制宜，选择适用性和使用效果强的人居环境整治技术及方案。目前，我国已相继出台了《农村生活污水处理工程技术标准》（GB/T 51347—2019）、《村庄整治技术标准》（GB/T 50445—2019）、《关于推动农村人居环境标准体系建设的指导意见》等一系列农村生活垃圾、生活污水及厕所改造相关标准，各地方政府应充分考虑现有基础条件、未来推进方向以及建设能力等多方面因素，通过相关技术指标与方案的优化选择，探索农村人居环境整治过程中投入产出效率的最大化。

3. 探索多元资金筹措渠道，完善农村人居环境基础设施建设

一是明晰农村人居环境整治资金需求量，开展科学筹划。对县域层面农村人居环境整治基础设施情况进行全面梳理，明确改扩建、新建设施数量及配套资金需求量；按照地区、类别等，确认优先级、科学配置，一村一方案统筹农村人居环境整治经费使用，着力提高资金投入效果。二是积极引入市场力量，创新融资模式。完善市场引入机制建设，为工商企业与个人进入农村人居环境整治领域构建有效途径，发挥好市场的资源配置功能；创新融资渠道与模式，搭建好"政府引导、市场运作、社会参与"的多元化融资平台，积极吸引社会资本进入乡村环境治理各环节，有效破解当前政府主导下的财政压力过大的问题；同时，有效激活农村自身活力，对现有资金来源形成有效补充，推进村级人居环境基础设施的不断完善。

4. 因地制宜，构建完善农村人居环境整治长效管控机制

一是完善农村人居环境整治设施后续运营管控机制建设。相关基础设施的建设和运用是确保农村人居环境整治工作有效开展的重要前提，而各类设施的后期运营管理维护更是人居环境改善成功与否的核心环节，健全和完善管护长效机制意义重大。要从运营、管理、制度、监督等方面对废弃物进行合理处置与有效利用，充实专业技术人员定期对农村基础设施进行检查，及时维修护理受损设施，确保基础设施的有效运行，不妨碍农村居民使用；要从根本上打破重建设、轻管护的现象，实现农村人居环境整治成果的长效性，避免短期成效问题的出现。二是将人居环境整治工作与干部考核监督机制挂钩。建立和完善农村人居环境整治工作成效评估机制，在细化评估内容与规则的基础上，将评估结果列入干部年度考核范围，提升相关人员在人居环境整治工作中履职尽责的效果；同时，强化农村人居环境监督机制，确保相关政策落实到位。

5. 科学制定农村人居环境整治总体规划，建立多元主体共谋共享机制

制定农村人居环境整治规划的过程中，要注意多元主体的共同参与和治理，政府、村民、企业共同协商，不能只依赖政府单方面的力量，不能只偏重和满足个别主体的需求。要通过对各方的科学调研，利用村民会议、村民代表大会等形式，充分收集意见，进行科学汇总整合；通过与有关专家咨询，进行技术上的统筹；对制订的方案措施在公共平台予以公示，在村内张贴方案供村民熟知，接受社会各个方面的监督，推动农村人居环境整治工作的共谋共享与持续前进。

第十三章 地方性共识、群体融入与农村
居民生活垃圾分类处理行为

推进农村生活垃圾治理是改善农村人居环境与实施乡村振兴战略的重要内容。改革开放 40 年来，我国农村经济的快速发展在提升农村居民生活水平与消费能力的同时，也导致了村庄生活垃圾产生量的不断增大，生活垃圾已成为农村环境污染的重要来源之一（贾亚娟，赵敏娟，2019）。农村生活垃圾分布较为分散，收运距离往往高于城市，源头分类减量不仅有助于降低垃圾治理难度，还有利于减少垃圾转运处理费用，是治理农村生活垃圾问题的重要手段。然而，尽管政府采取了补贴、奖励等各类政策引导农村居民开展生活垃圾分类处理，但政策持续效果有限，加之垃圾分类监管普遍偏弱，存在一定的政策失灵情况（季乃礼，沈文瀚，2022）。为此，如何发挥地方性共识等非正式制度的补充作用，进一步引导农村居民积极开展生活垃圾分类处理，日益引起全社会的广泛关注。2021 年，中共中央办公厅与国务院办公厅印发《农村人居环境整治提升五年行动方案（2021—2025 年）》，明确提出要立足农村、突出村民主体地位，倡导文明公约，发挥好村规民约作用，切实提高村民维护村庄环境卫生的主人翁意识，做好农村生活垃圾源头分类减量。总体来看，充分发挥非正式制度在推动农村生活垃圾分类处理中的积极作用，有助于农村人居环境质量的全面提升（沈费伟，杜芳，2020）。因此，探究非正式制度对农村居民生活垃圾分类处理行为的影响具有重要现实意义。

从已有文献看，学者们主要关注了家庭经济条件、外部社会经济变化以及个体环境态度等因素对农户垃圾处理行为的影响（Huang et al.，2013；Pan et al.，2017；孙慧波，2022）。部分研究也尝试从制度层面对农户的垃圾处理行为进行探讨，但主要是围绕正式制度展开（朱润 等，2021；姜利娜，赵霞，2021），对非正式制度的影响关注不足。然而，作为正式制度的补充，非正式制度对于个体行为决策的影响不可小觑（Islam，Chau，2018；李芬妮 等，2019），尤其在"熟人社会"的农村地区，非正式制度的作用可能会变得尤为突出。一些学者已开始呼吁，应进一步关注非正式制度对农村居民生活垃圾分类处理行为的影响，充分挖掘农村社会地方智慧和传统知识的作用，以弥补正式制度的不足（孙旭友，2021；沈费伟，2019）。事实上，以地方性共识为代表的非正式制度往往不是独立发挥作用，而是与群体融入水平紧密相连。在传

统乡村社会中，农户往往依据血缘和地缘关系抱团生活，并逐渐形成"自己人"的群体圈子；在所属群体长期的生产生活中约定俗成地形成地方性共识，当这些共识被群体内的成员接受后，便可能影响个体行为决策。从逻辑上看，地方性共识是在长期经年累月中形成的行为规范，但作为非正式制度，地方性共识作用的发挥通常是依靠村内舆论、人情与面子等进行"软约束"，倘若农户对于村庄缺乏融入感，不在乎其他村民的赞扬或批评，对村内"个人声望"持无所谓的态度，则地方性共识对农户行为决策的影响便会相应减弱。据此推测，地方性共识和群体融入可能会影响农村居民的生活垃圾分类处理行为，但群体融入与地方性共识二者并不是都直接发挥影响作用，而可能存在中介效应。此外，村内姓氏结构差异可能也会对村民的生活垃圾分类处理行为产生影响。大姓村民不仅有着较大的宗族人口规模，同时也具有较强的凝聚力和村庄融入感，相比非大姓村民而言，大姓村民往往在维护村内环境以及公共产品供给上更具积极性（郭云南，王春飞，2020；毕向阳 等，2023），从而更可能采取垃圾分类处理行为。因此，有必要从实证层面展开具体分析，以便更好地理解地方性共识和群体融入对农村居民生活垃圾分类处理行为的影响。

　　基于此，本章拟利用内蒙古自治区农户微观样本数据，探讨地方性共识、群体融入与农村居民生活垃圾分类处理行为间的关系，并试图回答以下 3 个问题：①地方性共识与群体融入是否会影响农村居民的生活垃圾分类处理行为？②群体融入是否在地方性共识对农村居民生活垃圾分类处理行为的影响中发挥中介效应？③在村内大姓村民与非大姓村民间，地方性共识、群体融入与农村居民生活垃圾分类处理行为间的关系是否存在样本异质性？

一、理论分析与研究假说

1. 地方性共识对农村居民生活垃圾分类处理行为的影响

　　在长期的村庄共同生活中，人们对于行为规范与人际关系形成了"何为正确，何为应当"的行为标准，并被群体成员普遍接受，由此构成了地方性共识（杨逐原，2022）。区别于法律、政策等正式性制度，地方性共识是农村居民在生产生活实践中自发形成的非正式制度，但对村民个体行为决策具有潜移默化的影响（何可 等，2021）。通常来看，农村居民往往会比较在乎他人和村内舆论对自己的评价，爱惜个人"名声"。为此，村民大多会通过修饰自己的行为举止，以期在村内树立良好的形象（马荟 等，2020）。农村人居环境具有公共物品属性，换言之，村庄中生活垃圾的分类处理行为不仅是农村居民的个体行为，还属于村内的公共事务范畴。倘若村民个体能够主动开展垃圾分类处理活动，则表明其积极参与了村内公共事务，由此可能获得"清洁之家""美丽庭院"等称号，并收获村内群体成员的舆论赞扬，使村民感觉有"面子"。反之，若没有遵守维护环境卫生的普遍共识，则村民个体可能会受到来自其他农村居民的批评或鄙视，导致其内心的痛苦与不安。因此，遵循维护村内环境卫生的普遍共识，是村民"挣面子"的一种行为选择。此外，个人声望有利于农户在村庄树立更高的非正式权威，进而帮助农户获得更多的社会关系与资源禀赋优势，因此，村民往往具有遵循维护村内环境卫生普遍共识的内在动力。由此可见，在地方性共识的推动下，村民往往会主动开展生活垃圾分类处理行为。

然而，随着城镇化进程的不断推进，农村人口大量外流，传统和相对封闭的村庄结构正面临解体，农村居民间的熟悉感与认同感出现下降，乡土熟人社会中"熟悉"的部分正在"陌生化"，村庄日趋多元化、异质化（吉永桃，冯建军，2022）。但与此同时，大量研究也表明，在改革开放与网络化时代，乡土熟人社会中"陌生"的部分也正在转向"熟悉化"（王水雄，2019），基于网络技术的农村新媒体等增进了村民间的情感交流与乡土情怀，村民为主体的合作社组织等进一步强化了小农户间的协作关系与熟悉感，源于传统人情礼俗观念的地方性共识不断与新时代发展相融合，演绎出了与时俱进的新内涵，地方性共识仍在乡村治理中发挥着重要的作用（陈义媛，2018）。事实上，作为生活在村庄中的主体，农村居民的生产生活行为必然会受到地方性共识的约束，寻求共识也自然是农村在村级治理中开展村民组织工作的必然逻辑（贺雪峰，2018）。因此，在全社会推进农村生活垃圾治理的背景下，生活垃圾分类减量也成为乡村社会的普遍共识，见闻习染之下，农村居民的生活垃圾处理行为也就较容易受到这种共识的影响。综上，提出研究假说：

H_1：地方性共识对农村居民生活垃圾分类处理行为具有正向影响。

2. 群体融入对农村居民生活垃圾分类处理行为的影响

熟人社会是中国传统乡村形态的基本特征。"生于斯、长于斯"，基于血缘关系的家族体系和投射于地缘关系的身份社会逐步催生了农村生产生活的共同体；村民相互熟识，陌生人难以进入，由此产生了高度凝聚的村庄共同体。费孝通（2020）在"差序格局"中将熟人社会表述为熟人群体构成的"自己人"社会，进而形成了一个"亲密社群"。作为接受和认同共同价值传统和行为准则的村庄共同体，群体融入反映了个体间和谐相处的程度，更高的融入水平有助于增强村民参与共同体活动的身份认同、责任感与归属感（陈鹏，高旸，2021）。

从社会认同理论看，行为个体往往会进行人群分类并确定自己所属的群体，较高的群体融入水平将促使个体行为逻辑更为符合群体利益，提升个体与群体成员协作的可能（Chen et al.，2007）。农村居民对村庄共同体的融入程度越高，会愈发关注村庄的发展与环境保护，也就可能更为积极地参与村庄的生活垃圾治理。具体而言，从情感角度看，较高的群体融入意味着村民个体对村庄共同体有着更深的依恋与归属感（李晓凤，龙嘉慧，2022），农村居民对生活垃圾的分类处理行为不仅源于其对良好卫生环境的期望，更多来自对村庄生活环境改善后的荣誉感。从效能角度看，群体融入感较高的农村居民在村庄环境改善后获得的环境收益、群体自豪感等综合收益，会大于人居环境恶化导致的损失（唐林 等，2019），从而使其更具开展垃圾分类处理行为的主动性。总体看，村民个体对村庄共同体的群体融入水平越高，其越可能采取生活垃圾分类处理行为。据此，提出研究假说：

H_2：较高的群体融入有助于农村居民采取生活垃圾分类处理行为。

3. 群体融入在地方性共识影响农村居民生活垃圾分类处理行为过程中的中介效应

一般来看，当行为人个体对人文习俗等地方性共识高度认同后，才可能会逐渐形成较强的群体融入。每个村民都有着自己的价值判断标准，当对村内经年累月形成的普遍共识具有强烈认同后，他才可能会主动融入村庄群体。例如，部分研究发现，农村籍退伍返乡士兵由于长期不在村内生活、军旅生活习惯与乡土习俗间的差异等原因在退伍返乡后可能出现与乡村惯习格格不入，由此导致部分返乡退伍士兵在村内的群体融入感偏低（刘腾龙，2020）；类似情况在返乡农民工身上也有着同样的反映，长期的城市生活经历使不少农民工不再完全适应乡村生活，一定程度上影响着返乡农民工对家乡的融入感和归属感（崔岩 等，2022）。由此可见，地方性共识对村民个体的群体融入水平可能具有一定的影响作用；同时，从前述分析可知，群体融入水平的高低又对村民的生活垃圾分类处理决策具有影响作用。基于此，提出研究假说：

H_3：群体融入在地方性共识对农村居民生活垃圾分类处理行为的影响中具有中介效应。

二、数据、模型与变量

1. 数据来源

本章使用数据来源于课题组 2020 年在内蒙古自治区开展的农村居民入户调查。由于受调查语言及其他客观条件限制，样本区域不包括少数民族聚居村落。本次入户调查的对象为户主，调查涉及 73 个村（嘎查），共获得问卷 1 361 份，剔除数据缺失严重以及问卷信息前后矛盾的样本后，最终得到有效样本 1 307 个，样本有效率为 96.03%。

2. 模型构建

（1）地方性共识与群体融入对农村居民生活垃圾分类处理行为的影响

由于农村居民是否开展生活垃圾分类处理行为是一个典型的二分类选择行

为，故本章拟利用 Probit 模型进行实证分析，具体模型设定如下：

$$Y_i(participation_i = 1) = \beta_1 consensus_i + \beta_2 group_i + \beta_3 Z_i + \varepsilon_i$$

$$(13-1)$$

式（13-1）中，被解释变量 Y_i 为农村居民生活垃圾分类处理行为，$participation_i = 1$ 表示样本户 i 采取了垃圾分类处理行为，$participation_i = 0$ 则表示其未采取垃圾分类处理行为；$consensus_i$ 与 $group_i$ 为本章关注的核心自变量地方性共识和群体融入；Z_i 为控制变量；β_1、β_2、β_3 为待估计系数；ε_i 为随机误差项。

（2）群体融入在地方性共识影响农村居民生活垃圾分类处理行为过程中的中介效应

参照温忠麟等（2022）的做法，本章构建以下模型对群体融入的中介效应进行检验：

$$Y_i = \alpha_1 consensus_i + \theta_1 Z_i + \sigma_1 \qquad (13-2)$$

$$group_i = \alpha_2 consensus_i + \theta_2 Z_i + \sigma_2 \qquad (13-3)$$

$$Y_i = \alpha_1' consensus_i + \alpha_3 group_i + \theta_3 Z_i + \sigma_3 \qquad (13-4)$$

式（13-2）至（13-4）中，Y_i 为样本户 i 的生活垃圾分类处理行为；系数 α_1 为地方性共识对农村居民生活垃圾分类处理行为的总效应；系数 α_2 为地方性共识对中介变量群体融入的效应；系数 α_1' 为控制中介变量群体融入的影响后，地方性共识对农村居民生活垃圾分类处理行为的直接效应；系数 α_3 为控制地方性共识的影响后，中介变量群体融入对农村居民生活垃圾分类处理行为的效应；θ_1、θ_2、θ_3 为估计系数；σ_1、σ_2、σ_3 为随机误差项。

3. 变量选取与描述性统计

（1）被解释变量

本章中的被解释变量为农村居民生活垃圾分类处理行为。调查问卷中将生活垃圾具体分为厨余垃圾（剩饭剩菜、瓜皮果壳等）、可回收垃圾（玻璃制品、纸制品、金属、布料等）、有害垃圾（废旧电池、过期药品、水银温度计、荧光灯管等）、其他垃圾（上述分类以外的垃圾，例如砖瓦碎块、渣土、包装袋等）。调查员通过对"您家生活垃圾是否都采取了分类处理方式"予以提问，若受访者回答"是"，则赋值为 1；回答"否"，则赋值为 0。

（2）核心解释变量

本章中的核心解释变量为地方性共识和群体融入。地方性共识普遍存在于农村社会中，村民间的赞誉和批评、农户对村内名声的关注等促使了地方性共识作用的发挥。为了度量样本户对地方性共识的遵循程度，课题组借鉴已有文献研究经验（何可 等，2021；Caplan，2003；Coen，2013），在问卷中设置了"我很赞同村内约定俗成的共识与规范""生活环境的改善使我的幸福感获得提升""我很在意村内的'清洁之家''美丽庭院'等卫生荣誉称号""维护村内生活环境会提高我在当地的身份地位"4个问题。群体融入是一种心理感知，反映了村民个体在村内群体成员中的融入程度。参考相关文献研究经验（李芬妮 等，2020；何可 等，2022），问卷设置了"您对村内传统文化的认可程度""您对街坊邻居的信任程度""疫情期间，您参与村里防疫工作（例如疫情值班、捐款等）的程度""日常中，您参加本村村民组织的活动和村集体活动的程度"4个问题，对样本户的群体融入情况进行测度。在具体测度方法上，本章使用熵权法对各指标进行赋权，获得了地方性共识和群体融入的综合测度值。表13-1为各指标情况与熵权法的赋权结果。

表 13-1　地方性共识和群体融入测度指标的赋权结果

变量名称	指标	赋值	均值	标准差	权重
地方性共识	我很赞同村内约定俗成的共识与规范	非常不同意=1，比较不同意=2，一般=3，比较同意=4，非常同意=5	3.500	0.920	0.130
	生活环境的改善使我的幸福感获得提升	非常不同意=1，比较不同意=2，一般=3，比较同意=4，非常同意=5	3.810	0.851	0.097
	我很在意村内的"清洁之家""美丽庭院"等卫生荣誉称号	非常不同意=1，比较不同意=2，一般=3，比较同意=4，非常同意=5	2.506	1.421	0.610
	维护村内生活环境会提高我在当地的身份地位	非常不同意=1，比较不同意=2，一般=3，比较同意=4，非常同意=5	3.159	0.940	0.163
群体融入	您对村内传统文化的认可程度	很低=1，比较低=2，一般=3，较高=4，很高=5	3.116	1.820	0.389
	您对街坊邻居的信任程度	很低=1，比较低=2，一般=3，较高=4，很高=5	3.855	0.849	0.054
	疫情期间，您参与村里防疫工作（例如疫情值班、捐款等）的程度	很低=1，比较低=2，一般=3，较高=4，很高=5	2.549	1.500	0.384
	日常中，您参加本村村民组织的活动和村集体活动的程度	很低=1，比较低=2，一般=3，较高=4，很高=5	2.606	1.065	0.173

（3）控制变量

借鉴已有文献的研究经验（左孝凡 等，2022），本章选取控制变量如下：①受访者个体特征，包括性别、年龄、受教育年限；②样本户家庭特征，包括是否党员户、是否干部户、家庭年收入、每年在村居住时长；③环保政策特征，通过是否有相关政策宣传予以反映；④环保认知特征，通过环保政策认知程度予以反映；⑤外部环境特征，包括是否有垃圾分类设施、村内生活垃圾污染程度。变量含义和赋值情况如表 13-2 所示。

表 13-2 变量含义、赋值及描述性统计结果

变量名称	变量含义和赋值	均值	标准差
被解释变量			
农村居民生活垃圾分类处理行为	样本户是否采取了生活垃圾分类处理行为：是=1；否=0	0.839	0.367
核心解释变量			
地方性共识	利用熵权法合成综合变量	2.868	0.932
群体融入	利用熵权法合成综合变量	2.851	1.010
控制变量			
性别	受访者性别：男=1；女=0	0.680	0.467
年龄	受访者 2020 年的实际年龄（岁）	46.826	11.765
受教育年限	受访者接受教育的年限	7.492	3.209
是否党员户	家庭成员中是否有中共党员：是=1；否=0	0.107	0.309
是否干部户	家庭成员中是否有人担任过干部：是=1；否=0	0.081	0.273
家庭年收入	2019 年家庭年收入（万元）	5.545	6.743
每年在村居住时长	受访者家庭每年实际在村居住时间（月）	11.373	2.143
是否有相关政策宣传	是否开展垃圾分类处理政策宣传：是=1；否=0	0.760	0.427
环保政策认知程度	受访者对环保政策的了解程度：非常不了解=1；比较不了解=2；一般=3；比较了解=4；非常了解=5	2.414	1.121
是否有垃圾分类设施	村内是否有垃圾分类设施：是=1；否=0	0.689	0.463
村内生活垃圾污染程度	受访者所在村庄生活垃圾污染程度：非常严重=1；比较严重=2；一般=3；较不严重=4；不严重=5	3.241	0.958

三、实证结果分析

1. 地方性共识和群体融入对农村居民生活垃圾分类处理行为的影响

（1）基准回归

文中采用 Probit 模型估计地方性共识和群体融入对农村居民生活垃圾分

类处理行为的影响。在通过方差膨胀因子（VIF）检验，确认模型不存在多重共线性问题后，本章进行了模型拟合回归，结果如表 13 - 3 所示。

表 13 - 3 中，回归 1、回归 2 分别单独将地方性共识、群体融入引入回归模型，回归 3 则同时考察了地方性共识与群体融入对农村居民生活垃圾分类处理行为的影响。从回归 1 和回归 2 的结果看，地方性共识和群体融入的系数均显著为正，表明二者分别单独对农村居民生活垃圾分类处理行为具有显著正向影响，H_1 和 H_2 得到验证。然而，在回归 3 中，群体融入的系数正向显著；地方性共识的系数为正，但并未通过显著性检验。可能的解释是，只有当农村居民对所居住的村庄具有较高的群体融入后，才会更为在乎村内的人情礼俗和舆论压力，地方性共识的作用才能获得有效发挥，即地方性共识通过群体融入对农村居民生活垃圾分类处理行为发挥作用。换言之，群体融入可能在地方性共识对农村居民生活垃圾分类处理行为的影响中具有一定的中介效应。

表 13 - 3　基准回归结果

变量名称	回归 1	回归 2	回归 3
地方性共识	0.084*		0.061
	(0.045)		(0.046)
群体融入		0.119***	0.107**
		(0.042)	(0.043)
性别	0.024	0.003	0.011
	(0.090)	(0.090)	(0.091)
年龄	−0.006	−0.005	−0.005
	(0.004)	(0.004)	(0.004)
受教育年限	−0.023	−0.022	−0.023
	(0.016)	(0.016)	(0.016)
是否党员户	0.112	0.117	0.098
	(0.166)	(0.166)	(0.166)
是否干部户	0.039	0.021	0.018
	(0.182)	(0.182)	(0.182)
家庭年收入	0.012	0.012	0.011
	(0.008)	(0.008)	(0.008)
每年在村居住时长	−0.041	−0.040	−0.042
	(0.026)	(0.025)	(0.026)

（续）

变量名称	回归 1	回归 2	回归 3
是否有相关政策宣传	0.165*	0.152	0.141
	(0.0987)	(0.100)	(0.099)
环保政策认知程度	0.012	0.020	0.017
	(0.037)	(0.037)	(0.037)
是否有垃圾分类设施	0.014	0.009	0.001
	(0.094)	(0.094)	(0.094)
村内生活垃圾污染程度	−0.063	−0.051	−0.053
	(0.046)	(0.046)	(0.046)
常数项	1.621***	1.438***	1.359***
	(0.444)	(0.440)	(0.449)
$Log likelihood$	−566.389	−564.208	−563.398
观测值	1 307	1 307	1 307

注：***、**、* 分别代表在 1%、5%、10%的水平上显著，括号内为标准误。

本章在表 13-3 基准回归的基础上进行了边际效应的计算，结果如表 13-4 所示。从回归 4 可见，单独考察地方性共识影响时，农村居民对地方性共识的遵循程度每提高 1 个单位，其开展生活垃圾分类处理行为的概率将上升 2%。从回归 5 可见，单独考察群体融入影响时，农村居民的群体融入水平每提高 1 个单位，其开展生活垃圾分类处理行为的概率将上升 2.8%。从回归 6 可见，综合考察地方性共识和群体融入影响时，农村居民的群体融入水平每提高 1 个单位，其开展生活垃圾分类处理行为的概率将上升 2.6%。

表 13-4　边际效应回归结果

变量名称	回归 4	回归 5	回归 6
地方性共识	0.020*		0.015
	(0.011)		(0.011)
群体融入		0.028***	0.026**
		(0.010)	(0.010)
控制变量	已控制	已控制	已控制

注：***、**、* 分别代表在 1%、5%、10%的水平上显著，括号内为标准误。

（2）稳健性检验

为进一步验证基准回归结果的稳健性，本章采取以下两种方法开展稳健性检验。

一是在基准回归的基础上增加乡（镇、苏木）级虚拟变量。由于样本所在各乡（镇、苏木）的历史传统积淀与经济发展水平存在一定差异，因此，未观测到的乡（镇、苏木）级差异可能会对模型拟合结果造成影响。参考已有文献研究经验（何可 等，2022），本章在基准回归的基础上进一步控制乡（镇、苏木）级虚拟变量，以进行稳健性检验，回归结果如表 13-5 所示。可以看到，表 13-5 中地方性共识和群体融入的回归系数方向、显著性水平和表 13-3 中的回归结果一致，表明基准回归结果较为稳健。

表 13-5　稳健性检验一：增加乡（镇、苏木）级虚拟变量

变量名称	回归 7	回归 8	回归 9
地方性共识	0.083*		0.059
	(0.045)		(0.046)
群体融入		0.118***	0.107**
		(0.042)	(0.043)
控制变量	已控制	已控制	已控制
常数项	1.534***	1.349***	1.279***
	(0.465)	(0.465)	(0.473)
$Log likelihood$	−566.116	−563.926	−563.158
观测值	1 307	1 307	1 307

注：***、**、* 分别代表在 1%、5%、10% 的水平上显著，括号内为标准误。

二是剔除短期在村居住的样本户。调研中发现，外出务工、子女上学在外陪读等情况在农村已较为普遍，由此导致不少农户每年大部分时间主要在城镇居住。此外，部分农户在城镇有相对稳定的工作与住房，每年仅过节、家族或村内有重大活动时才回村暂住。上述受访者尽管户籍仍在农村，但生活习惯已趋于城镇居民，他们对生活垃圾的分类处理行为与长期在村居住的村民存在一定差异，由此可能对模型拟合结果造成一定影响。故本章拟进一步剔除短期在村居住的样本群体，以再次进行稳健性检验。对于短期在村居住的农户，本章拟采取两种识别方式：①将每年在村居住时长不满 12 个月的样本户判定为短期在村居住农户；②将每年在村居住时长不满 6 个月的样本户判定为短期在村居住农户。可以看到，通过上述两种方式剔除短期在村居住的样本户后，表 13-6 中地方性共识和群体融入的回归系数在方向与显著性上仍与表 13-3 中的回归结果一致，再次表明基准回归结果较为稳健。

表 13 - 6　稳健性检验二：剔除短期在村居住的样本户

变量名称	剔除每年在村居住 时长不满 12 个月的样本			剔除每年在村居住 时长不满 6 个月的样本		
	回归 10	回归 11	回归 12	回归 13	回归 14	回归 15
地方性共识	0.079*		0.049	0.089*		0.061
	(0.047)		(0.048)	(0.046)		(0.047)
群体融入		0.142***	0.133***		0.132***	0.120***
		(0.043)	(0.044)		(0.043)	(0.044)
控制变量	已控制	已控制	已控制	已控制	已控制	已控制
常数项	1.042***	0.784**	0.712*	1.549**	1.219*	1.167
	(0.373)	(0.376)	(0.386)	(0.704)	(0.713)	(0.718)
$Loglikelihood$	−528.035	−524.323	−523.844	−544.410	−541.656	−540.865
观测值	1 190	1 190	1 190	1 235	1 235	1 235

注：***、**、*分别代表在 1%、5%、10%的水平上显著，括号内为标准误。

2. 关于内生性问题的讨论

由于农村居民对地方性共识和群体融入的态度或感知是在多种因素作用下的结果，即村民的地方性共识和群体融入情况并不是完全外生，模型中其他变量可能也会影响村民的地方性共识和群体融入状况，故可能存在内生性问题，进而导致回归结果出现有偏估计。为此，本章拟采用工具变量法以对内生性问题进行缓解。参考已有研究经验（何可 等，2022），本章为核心变量地方性共识和群体融入选择的工具变量分别为受访者所在村庄除自身以外其他样本的地方性共识和群体融入的平均值，为方便表述，后文简称为"村内地方性共识均值"和"村内群体融入均值"。选择上述工具变量的原因如下：①村庄内部村民的生活习惯、行为取向往往具有较强的同群效应，从而使他们的地方性共识和群体融入情况呈现较高的相似性，即工具变量满足与内生变量的相关性条件；②村庄内部其他农户对地方性共识的态度和群体融入情况并不能直接决定样本户的生活垃圾分类处理行为，也就是说工具变量与被解释变量无关，满足外生性条件。基于上述工具变量，本章利用离散选择模型的工具变量方法（IV-Probit 模型）分析农村居民生活垃圾分类处理行为，回归结果如表 13 - 7 所示。

首先，回归 16～17 是地方性共识对农村居民生活垃圾分类处理行为影响的工具变量回归结果。从回归 16 看，工具变量村内地方性共识均值对核心变量地方性共识具有显著影响，一定程度上排除了弱工具变量的可能。回归 17 中，Wald 检验结果表明地方性共识变量在 5%的水平上存在内生性；同时，地方性共识对农村居民生活垃圾分类处理行为具有显著的正向影响，进一步验证了基准回归结果的稳健性。

其次，回归 18～19 是群体融入对农村居民生活垃圾分类处理行为影响的工具变量回归结果。从回归 18 看，工具变量村内群体融入均值对核心变量群体融入具有显著影响，一定程度上表明不存在弱工具变量问题。回归 19 中，Wald 检验结果表明可在 1% 的水平上认为群体融入变量存在内生性；同时，群体融入对农村居民生活垃圾分类处理行为具有显著的正向影响，验证了基准回归结果依然稳健。

再次，回归 20～22 是地方性共识和群体融入同时对农村居民生活垃圾分类处理行为影响的工具变量回归结果。从回归 20～21 的结果看，工具变量村内地方性共识均值和村内群体融入均值分别对核心变量地方性共识和群体融入具有较好的解释能力，排除了弱工具变量的可能。回归 22 中，Wald 检验结果在 1% 的水平表明地方性共识和群体融入变量存在内生性；群体融入的回归系数正向显著，地方性共识的回归系数为正，但并不显著，上述情况与表 13-3 基准回归的结论一致，验证了基准回归结果仍然稳健。

表 13-7　内生性处理 IV-Probit 回归结果

变量名称	回归 16 IV-Probit 第一阶段 地方性共识	回归 17 IV-Probit 第二阶段 垃圾分类处理行为	回归 18 IV-Probit 第一阶段 群体融入	回归 19 IV-Probit 第二阶段 垃圾分类处理行为	回归 20 IV-Probit 第一阶段 地方性共识	回归 21 IV-Probit 第一阶段 群体融入	回归 22 IV-Probit 第二阶段 垃圾分类处理行为
地方性共识		0.658**					0.262
		(0.264)					(0.313)
群体融入				1.047***			0.996***
				(0.198)			(0.208)
村内地方性共识均值	0.940***				0.925***	0.067	
	(0.138)				(0.148)	(0.157)	
村内群体融入均值			0.951***		0.027	0.966***	
			(0.092)		(0.092)	(0.098)	
控制变量	已控制	已控制	已控制	已控制	已控制	已控制	已控制
常数项	−0.673	0.565	−0.182	−1.025	−0.714	−0.043	−1.375
	(0.442)	(0.648)	(0.369)	(0.709)	(0.463)	(0.493)	(0.827)
R^2	0.089		0.122		0.090	0.122	
Wald 检验		0.019		0.00			0.00
观测值	1 307	1 307	1 307	1 307	1 307	1 307	1 307

注：***、**、* 分别代表在 1%、5%、10% 的水平上显著，括号内为标准误。

3. 群体融入的中介效应检验

表 13-8 为群体融入在地方性共识影响农村居民生活垃圾分类处理行为关系间中介效应的检验结果。其中，回归 23 为地方性共识与农村居民生活垃圾分类处理行为间关系的回归结果。可以看到，地方性共识对农村居民生活垃圾分类处理行为具有显著的正向影响，表明可进行中介效应检验。回归 24 为地方性共识与中介变量群体融入之间关系的回归结果。由于群体融入为连续变量，故本章在回归 24 中使用 OLS 模型进行了拟合回归，可以看到地方性共识对中介变量群体融入具有显著的正向影响。回归 25 是地方性共识和中介变量群体融入对农村居民生活垃圾分类处理行为影响的回归结果。可以看到，在控制了地方性共识的影响后，中介变量群体融入的系数正向显著，表明群体融入在地方性共识影响农村居民生活垃圾分类处理行为中发挥了中介效应；地方性共识的回归系数不显著，则说明地方性共识对农村居民生活垃圾分类处理行为影响的直接效应不显著，群体融入在地方性共识对农村居民生活垃圾分类处理行为的影响中发挥了完全中介作用。对于上述结果的可能解释是，由于地方性共识并不具有政策法规等正式制度的硬性约束力，其主要是通过乡土熟人社会中的舆论、面子等人情礼俗进行"软约束"。但上述"软约束"发挥作用的前提是村民个体在乎村内群体成员对自己的评价，爱惜个人"名声"；倘若村民个体对村庄群体的融入感很低，不在乎其他村民的表扬或批评，对个人在村内的"面子""名声"等无所谓，则地方性共识的软约束力可能就无法有效发挥作用。综上，H3 得到有效验证。

表 13-8　群体融入的中介效应检验回归结果

变量名称	回归 23 垃圾分类处理行为	回归 24 群体融入	回归 25 垃圾分类处理行为
地方性共识	0.084*	0.222***	0.061
	(0.045)	(0.029)	(0.046)
群体融入			0.107**
			(0.043)
控制变量	已控制	已控制	已控制
常数项	1.621***	2.264***	1.359***
	(0.444)	(0.260)	(0.449)
Log likelihood	−566.389		−563.398
R^2		0.088	
观测值	1 307	1 307	1 307

注：***、**、*分别代表在 1%、5%、10%的水平上显著，括号内为标准误。

4. 基于姓氏视角的样本异质性分析

乡土熟人社会中,人们往往有着伦理本位、亲情纽带的思维逻辑与行为方式,血缘姓氏更易成为"内外有别"圈子关系的判断标准。基于姓氏视角,村庄内大姓村民与非大姓村民的群体融入水平可能会因"内外有别"而存在不同,进而导致群体融入对大姓村民与非大姓村民生活垃圾分类处理行为的影响出现差异。相比非大姓村民而言,村内大姓村民间基于血缘姓氏关系往往更为熟悉,这种熟悉是"从时间里、多方面、经常的接触中所发生的亲密感觉"(费孝通,2020),这意味着大姓村民会更多地受到村内文化习俗的熏陶,对村庄共同体具有更高的认可度(孙文凯,王格非,2020),并可能更多地受到地方性共识的影响,从而表现出积极的生活垃圾分类处理行为。基于此,本章依据受访村民姓氏是否为村内大姓,将样本群体分为大姓村民与非大姓村民两组,以探讨地方性共识和群体融入对两类村民生活垃圾分类处理行为的异质性影响。

从表 13 - 9 回归结果中不难发现,地方性共识对大姓村民与非大姓村民生活垃圾分类处理行为的影响存在明显的组间差异,相较非大姓村民而言,大姓村民的生活垃圾分类处理行为受到地方性共识的显著影响。为进一步检验上述组间差异的显著性水平,本章采用了基于似无相关模型 SUR 检验,结果显示,回归 26 与回归 29 之间地方性共识的系数差异在 10% 的水平上显著,回归 28 和回归 31 之间地方性共识的系数差异也在 10% 的水平上显著,上述结果表明,地方性共识对大姓村民与非大姓村民生活垃圾分类处理行为影响的组间差异显著。此外,群体融入对大姓村民与非大姓村民生活垃圾分类处理行为均具有显著影响;但从基于似无相关模型 SUR 的检验结果看,回归 27 与回归 30 之间群体融入的系数差异不显著,回归 28 和回归 31 之间群体融入的系数差异也不显著,表明群体融入对大姓村民与非大姓村民生活垃圾分类处理行为的影响无显著的组间差异。

表 13 - 9 基于姓氏视角的样本异质性回归结果

	大姓村民			非大姓村民		
	回归 26	回归 27	回归 28	回归 29	回归 30	回归 31
地方性共识	0.150**		0.124**	−0.010		−0.038
	(0.062)		(0.063)	(0.076)		(0.078)
群体融入		0.137**	0.112*		0.115*	0.122*
		(0.058)	(0.059)		(0.068)	(0.069)
控制变量	已控制	已控制	已控制	已控制	已控制	已控制
常数项	1.636***	1.575***	1.409**	1.772***	1.379**	1.424**

（续）

	大姓村民			非大姓村民		
	回归26	回归27	回归28	回归29	回归30	回归31
	(0.564)	(0.568)	(0.576)	(0.637)	(0.661)	(0.666)
$Loglikelihood$	−328.542	−328.670	−326.714	−229.672	−228.225	−228.105
观测值	739	739	739	568	568	568

注：***、**、*分别代表在1%、5%、10%的水平上显著，括号内为标准误。

四、研究结论

本章利用微观样本数据，探讨了地方性共识、群体融入与农村居民生活垃圾分类处理行为间的关系。研究结果表明：

首先，地方性共识和群体融入对农村居民生活垃圾分类处理行为具有显著的正向影响。在单独考察地方性共识或群体融入的影响时，农村居民对地方性共识的遵循程度或在村内的群体融入水平每提高1个单位，其开展生活垃圾分类处理行为的概率将分别上升2%或2.8%。上述结果表明农村居民对地方性共识遵循程度的提高，以及对村庄融入水平的提升，都能够显著促使农户开展生活垃圾分类处理行为。

其次，群体融入在地方性共识影响农村居民生活垃圾分类处理行为的过程中发挥了中介作用。地方性共识对农村居民生活垃圾分类处理行为影响的直接效应不显著，群体融入发挥了完全中介效应，其原因在于以地方性共识为代表的非正式制度主要是依靠村内舆论、人情面子等"软约束"发挥作用，如果村民个体在村内的群体融入水平很低，不在乎村民舆论的赞扬或批评，则地方性共识对农户生活垃圾分类处理行为的软约束力就可能失效。

最后，异质性分析结果表明，地方性共识对大姓村民与非大姓村民生活垃圾分类处理行为的影响具有显著的组间差异。相较非大姓村民，本村大姓村民较易受到地方性共识的影响而更可能采取生活垃圾分类处理行为。

基于上述结论，本章获得政策启示如下：

一是应重视以地方性共识为代表的非正式制度在农村生活垃圾分类处理推广过程中的积极作用。在村庄共同体生活中，非正式制度对村民的人居环境整治行为发挥了积极的引导与规范作用；相比法律法规正式制度而言，非正式制度更易获得农户的认可与主动接受，执行成本更低，这为基层政府在预算有限的情况下推动农村人居环境整治提供了另一条可能的途径。

二是应着力提升农村居民对本村的认同与融入水平，并在此基础上倡导环境卫生公约与文明健康生活理念。通过宣传乡风民俗优秀传统、丰富农村文化服务活动等形式，强化村民间的乡情纽带作用，提升农户在村庄中的融入水平，从而有效发挥村庄社会舆论等软约束力的作用；同时，还可搭建一系列交流互助平台，增进农村生活垃圾分类治理的地方性共识。

三是依据不同群体差异化特征，逐步推进农村生活垃圾分类处置工作。有必要关注不同村民群体在生活垃圾分类处理行为上的差异，着力提升各类鼓励、引导政策的指向性与精准性。例如，对于村内大姓村民，可进一步发挥地方性共识的积极作用，利用农户重"名声"的心理强化村庄社会舆论，促使大姓村民主动遵守村庄秩序和规范，进而鼓励其积极开展生活垃圾分类处理行为。

第十四章　农户"厕所革命"参与意愿及其影响因素分析

推进农村人居环境整治是落实乡村振兴战略的重要内容，事关广大农民福祉与农民群众健康，更是美丽中国建设的重要任务。农村厕所治理是农村人居环境整治提升过程中的重要构成之一。2018 年，中共中央办公厅与国务院办公厅印发的《农村人居环境整治三年行动方案》，以及 2021 年中共中央办公厅和国务院办公厅印发的《农村人居环境整治提升五年行动方案（2021—2025年）》中，始终强调了农村厕所的整治问题，提出到 2025 年农村卫生厕所普及率要稳步提高，厕所粪污基本得到有效处理；新改户用厕所基本入院，有条件的地区要积极推动厕所入室；科学选择厕改技术模式，宜水则水、宜旱则旱。"厕所革命"作为农村人居环境治理的主要内容，对于改善农村人居环境和村庄环境、提高农民健康生活质量、提升文明程度，进而破解乡村治理难题具有十分重要的意义。

贯彻落实农村厕改计划，既是对上级指示的积极响应，又是社会文明发展的必经之路。早在 20 世纪 60 年代，全国开展"两管五改"运动时就提到了厕所改良问题。20 世纪 90 年代，中共中央国务院颁发的《关于卫生改革与发展的决定》中强调要重视健康卫生工作，在农村地区把改水改厕作为工作重点，以此带动农村卫生环境治理。纵观近年来中央一号文件，均提到了要坚持不懈推进农村"厕所革命"，"厕所革命"已经成为现阶段"三农"工作中的重要任务。从地方层面来看，为积极响应国家号召，各地方也努力推进"厕所革命"，陆续制定了各地方层面的"厕所革命"行动计划，农村厕所治理工作全面推进。

然而，不容忽视的是农村"厕所革命"在实际推进过程中，仍面临一些突出问题亟须解决，例如治理主体单一、农户参与积极性不高等问题。从现阶段来看，"厕所革命"多为政府主导，自上而下的治理体制，很大程度上抑制了农村"厕所革命"的基层发展活力，而农村居民作为村庄主要成员，其参与意愿对"厕所革命"的推进产生极大影响。基于此，从农民视角出发，探究农户对厕改的参与意愿及其影响因素，对于改善当前农村厕所卫生条件，推进"厕所革命"顺利开展，进而促进生态宜居美丽乡村建设具有重要理论意义与现实价值。

一、我国农村厕所治理工作基本情况

1. 农村"厕所革命"的推进历程

改善农村人居环境，是建设生态宜居美丽乡村题中应有之义。舒适的人居环境满足了人民群众对美好生活的向往，而厕所改造作为农村人居环境整治的重要内容，改变厕所卫生条件，是我国农村人居环境整治的重要内容之一。关于我国农村厕所改造的发展阶段，学者们提出多种划分方式，例如：依据时间标准，抑或是依据厕改状况标准等。总体看，现有研究多认为我国农村厕所改造可划分为 3 个阶段，即厕所改造的起步阶段，厕所改造的全面推动阶段和厕所改造快速推进阶段。

（1）厕所改造的起步阶段

新中国成立初期，农村地区全部为条件简陋的旱厕，对周边生态环境和水资源形成较大污染，"一块木板两块砖，三尺栅栏围四边"是对当时农村厕所构造的写实描述。之后，为保障人民身体健康、提高人民卫生素养，我国政府出台了诸多政策并开展相关工作，这些政策和工作与农村厕所改造密切相关。20 世纪 50—70 年代，我国在城市和农村地区开展了"爱国卫生运动"和"灭四害"运动。为满足农村地区积肥的种植习惯，适应广大农村地区农业生产发展需要，同时减少对饮用水的污染，"爱国卫生运动"中提出在农村地区实行"两管五改"，"厕改所"赫然列于其中。

1978 年，党的十一届三中全会提出从农村开始的对内改革，进一步推进"两管五改"工作，并将改水、改厕列为重点工作。改革开放后，我国政府颁布了《全国农村人民公社卫生院新行条例（草案）》《九十年代中国儿童发展计划纲领》等文件，要求所有城镇、农村的学校都要普及卫生厕所，并制定了农村卫生厕所在 21 世纪初达到 44％的普及目标，同时将农村厕改列入国家整体经济社会发展规划。

（2）厕所改造的全面推动阶段

党的十八大召开后，党中央、国务院陆续在美丽中国、健康中国发展战略中强调要继续推动厕所改造工作。2004—2013 年，中央政府为改造农村厕所累计投入 82.7 亿元，对 2 103 万农户厕所进行了实际改造；全国农村卫生厕所普及率从 1993 年的 7.5％提高到 2013 年年底的 74.1％。

2015 年 4 月 1 日，习近平总书记在国家旅游局的有关报告上作出重要批示，指出抓厕所革命，从小处着眼、从实处入手，是提升旅游品质的务实之举；2015 年 7 月 16 日，习近平总书记在吉林省调研时进一步指出，随着农业现代化步伐加快，新农村建设也要不断推进，要来场"厕所革命"，让农村群众用上卫生的厕所。此后，国家旅游局出台了一系列文件和实施标准，每年召开全国厕所工作现场会，高度重视厕所改造工作。

（3）厕所改造快速推进阶段

2017 年 11 月，习近平总书记就"厕所革命"作出重要指示，指出要把农村厕所改造作为乡村振兴战略的一项具体工作来推进，我国正式进入全域厕所革命阶段。2018 年，全国厕所革命工作现场会暨厕所革命培训班在河北正定召开，这一标志性会议拉开了我国农村"厕所革命"的序幕。2019 年，中央财政为加快农村地区"厕所革命"的发展，安排 70 亿元资金对其进行支持，惠及范围超过 1 000 万个农村家庭。

2018 年，中共中央办公厅与国务院办公厅印发《农村人居环境整治三年行动方案》；2021 年，中共中央办公厅和国务院办公厅印发《农村人居环境整治提升五年行动方案（2021—2025 年）》。2019—2024 年的中央一号文件连续强调了农村人居环境整治问题，并对农村厕改工作进行了明确部署，我国农村厕改步伐不断加快。

2. 农村厕所改造的主要模式

近年来，我国不断推进农村厕所改造工作，取得一些阶段性重要成果。从目前来看，尽管南北方地区厕改技术有一定的差异，但总体来说，旱厕与水厕是主要模式。

在旱厕方面，三格化粪池、双瓮式厕所、三联通沼气池厕所、粪尿分集式厕所是我国农村无害化卫生厕所改造的主要类型。三格化粪池结构简单，便于启动和管理，处理效果较好，与完整下水道水冲式厕所相比造价相对较低，在我国农村得到了广泛应用（马灿明 等，2020）；双瓮漏斗式厕所简化了建造流程，可以直接在传统旱厕的粪坑中埋入双瓮（何御舟，付彦芬，2016），在欠发达的农村地区较受欢迎（谢曙光 等，2019）；三联通沼气式厕所对进料、沼气池结构、温度均有较高要求，且建造难度大，存在维护管理不周导致产期不足而弃用的情况（李慧 等，2017）；粪尿分集式厕所建造成本很低，且不需要水冲，但其使用和维护较为复杂，排便后还要加灰干燥，如不能及时覆盖或覆盖不完全，会导致蚊蝇滋生，影响粪便无害化处理效果（余靖 等，2021）。

在水厕方面，我国农村地区主要推进完整上下水道水冲式厕所。水冲式厕所相较旱厕更方便卫生，且舒适度较高，但改造的前提是有完整的上下水道系统，且污水集中处理系统能够正常运行；如果没有完整的配套设施，污水直接排放至周边环境或发生管道渗漏、污水厂不能正常运行等情况，势必造成更加严重的环境污染（王永生，2019）。此类厕所适合于城镇化程度较高，居民集中的城郊或农村地区（马灿明 等，2020）。

二、数据来源与样本特征

1. 数据来源

本章选取内蒙古自治区作为研究区域。内蒙古地区是我国重要的粮食生产基地,农村地域广袤,探究当地农户厕改参与意愿及其影响因素,从区域研究范畴上能够对现有文献作进一步的丰富,同时还能够为其他少数民族边疆地区农村厕改工作的持续推进提供可供借鉴的实践案例与宝贵经验。课题组以农户为调研对象,针对村民基本特征、厕所基本状况、试点地区厕改情况等进行了问卷编写。经过样本户预调查,问卷修订,小规模调研等环节后,课题组于2020年组织开展了大规模入户调查工作。调查采用入户访谈方式,共获有效样本692个。

2. 样本户基本特征

(1) 样本个人特征

一是从性别特征来看,样本中女性占比32%,男性占比68%,男性样本比例高于女性样本。可能的原因是,农村地区男性大多为家庭的户主,此次问卷调查主要需由户主填写,因此男性所占比例较大。二是从年龄结构看,40~49岁的样本户所占比例最高,为42.7%;其后为50~59岁样本,占20.8%的比例。三是从民族结构看,被调查者主要是汉族与蒙古族,二者比例相差不大。汉族所占比例为51.2%,蒙古族所占比例为47.4%,满族所占比例为1.4%。四是从婚姻状况来看,85.7%的样本为已婚状态,8.7%的样本为未婚状态,离婚与丧偶样本所占比例为5.6%。五是从健康状况来看,84%的村民认为自己的身体健康状况良好,16%的村民认为自己的身体较差,说明受访村民的健康状况普遍较好,有利于满足农村家庭厕所改造的用工需求。具体如表14-1所示。

表 14-1 样本个人特征

项目	项目分类	频数	占比(%)
性别	女	221	31.94
	男	471	68.06
年龄	0~19 岁	9	1.30
	20~29 岁	36	5.20
	30~39 岁	126	18.21
	40~49 岁	296	42.77
	50~59 岁	144	20.81
	60 岁以上	81	11.71

（续）

项目	项目分类	频数	占比（%）
民族	汉族	354	51.16
	蒙古族	328	47.40
	满族	10	1.45
	回族	0	0.00
	其他	0	0.00
婚姻状况	未婚	60	8.67
	已婚	593	85.69
	离婚	15	2.17
	丧偶	24	3.47
健康状况	健康	581	83.96
	非健康	111	16.04

（2）样本户家庭禀赋情况

经济资本是影响村民参与厕改的关键因素，而村民的收入与支出水平是衡量经济资本的重要指标。故文中选取家庭年毛收入、家庭年支出两个指标衡量农村居民的经济资本情况。

首先，在家庭收入方面。受访户中家庭年毛收入在 30 001～50 000 元的样本数最多，占比为 42.63%；家庭年毛收入在 50 001～70 000 元的样本数次之，占比为 26.59%；家庭年毛收入在 0～30 000 元的样本数居于第三，占比为 17.20%；家庭年毛收入在 70 001～90 000 元的样本数位居第四，占比为 8.82%；家庭年毛收入在 90 001 元以上的样本数最少，占比仅 4.77%。其次，在家庭年支出方面。受访户中家庭年支出在 30 001～50 000 元的样本数最多，占比为 49.28%；家庭年支出在 0～30 000 元的样本数次之，占比为 22.54%；家庭年支出在 50 001～70 000 元的样本数居于第三，占比为 21.00%；家庭年支出在 70 001～90 000 元的样本数位居第四，占比为 5.92%；家庭年支出在 90 001 元以上的样本数最少，占比仅 1.30%。具体如表 14-2 所示。

表 14-2 样本户经济资本情况

项目	项目分类	频数	占比（%）
家庭年毛收入	0～30 000 元	119	17.20
	30 001～50 000 元	295	42.63
	50 001～70 000 元	184	26.59
	70 001～90 000 元	61	8.82
	90 001 元及以上	33	4.77

（续）

项目	项目分类	频数	占比（%）
	0～30 000 元	156	22.54
	30 001～50 000 元	341	49.28
家庭年支出	50 001～70 000 元	145	21.00
	70 001～90 000 元	41	5.92
	90 001 元及以上	9	1.30

文化资本是影响村民参与厕改意愿的重要因素，村民文化水平的高低影响着其参与厕改的自觉性，在以往的研究中，学者们主要从文化程度，参加培训经历，是否有宗教信仰等指标来衡量文化资本。借鉴前人的研究成果，文中选取受教育年限和政治面貌两个指标评价村民的文化资本禀赋情况，具体情况如表 14-3 所示。

首先，在受教育程度方面，样本中受教育年限在 6～8 年的人数最多，占比为 40.17%，说明在该调查区域，村民的文化水平主要处于初中程度；30.49% 的受访者的受教育年限为 0～5 年，即主要集中在小学阶段。其次，从政治面貌看，受访者中有 8.82% 的村民为党员，非党员所占比例为 91.18%。

表 14-3　样本户文化资本情况

项目	项目分类	频数	占比（%）
	0～5 年	211	30.49
受教育年限	6～8 年	278	40.17
	9～11 年	172	24.86
	12 年及以上	31	4.48
政治面貌	党员	61	8.82
	非党员	631	91.18

社会资本能够帮助村民在人居环境整治过程中获取外部支持，影响着村民参与村庄环境治理活动的可能性，文中从职业、村干部经历两个方面对村民的社会资本禀赋状况进行了评价。

首先，从职业分布情况来看，样本中在家务农的农户数最多，占比达到 74.42%；外出打工人员占比 11.56%；兼业样本户占比为 4.34%；样本中企事业单位员工所占比重较小，仅为 2.31%。其次，从村干部经历来看，9.25% 的受访者担任过村干部，90.75% 的样本没有村干部经历。具体情况如表 14-4 所示。

表 14-4　样本户社会资本情况

项目	项目分类	频数	占比（%）
职业	学生	36	5.20
	在家务农	515	74.42
	打工	80	11.56
	稳定的企事业单位员工	16	2.31
	兼业（务农＋打工）	30	4.34
	其他	15	2.17
村干部经历	担任过村干部	64	9.25
	没担任过村干部	628	90.75

三、样本户厕改基本情况

1. 样本户对厕改工作的信任情况

村民信任在厕改过程中发挥着重要作用。在厕所改造过程中，需要多方主体的共同参与，村民对厕改政策的信任会影响农户对农村厕改工作的参与决策。为此，课题组就"厕改是否是惠及村民的实事"对农户展开调查。从调查结果看，85.69%的样本户认为厕改是惠及村民的实事，信任农村厕改工作；但有14.31%的受访者持否定态度，认为农村厕改与自己无关。具体如表14-5所示。

表 14-5　样本户对厕改的信任情况

项目	项目分类	频数	占比（%）
厕改是否是惠及村民的实事	是	593	85.69
	否	99	14.31

2. 样本户对"厕所革命"的认知情况

针对村民对"厕所革命"的认知情况，本文选取村民对自家厕所卫生的满意程度和推进"厕所革命"的必要性两方面指标进行了评价。

首先，在自家厕所卫生条件满意程度方面，随着乡村振兴的提出，农业现代化的不断推进，农村居民生活逐渐富裕，在物质条件逐渐满足的同时，村民愈加重视精神的需要，对自家的生活环境要求愈来愈高，尤其是自家厕所的卫生条件。受访村民中，认为自家现有厕所卫生条件一般的人数最多，占比为42.49%；3.76%的村民对自家厕所卫生条件非常不满意；28.76%的村民对自家厕所卫生条件比较不满意；对厕所卫生条件感到比较满意及非常满意的占比为 25.00%。具体如表 14-6 所示。

表 14-6 样本户对自家厕所卫生条件的满意程度

项目	项目分类	频数	占比（%）
厕所卫生条件 现状满意度	非常不满意	26	3.76
	比较不满意	199	28.76
	一般	294	42.49
	比较满意	150	21.68
	非常满意	23	3.32

　　其次，在推进"厕所革命"的必要性方面，有 5.78% 的受访者认为非常没有必要，24.57% 的受访者认为比较没有必要，14.60% 的受访者持无所谓的态度，47.11% 的村民认为比较有必要进行治理，7.95% 的村民认为非常有必要进行治理。总体看，近 1/3 的村民对"厕所革命"的推进态度不是很积极，没有意识到"厕所革命"的推进给村庄环境带来的益处。具体如表 14-7 所示。

表 14-7 样本户对"厕所革命"必要性的认知情况

项目	项目分类	频数	占比（%）
推进"厕所革命" 必要性	非常没必要	40	5.78
	比较没必要	170	24.57
	无所谓	101	14.60
	比较有必要	326	47.11
	非常有必要	55	7.95

3. 样本区域"厕所革命"开展情况

　　一是样本区域"厕所革命"宣传情况。78.76% 的受访者认为所在村庄通过微信、宣传标语、讲座等多种形式开展了人居环境整治方面的宣传；21.24% 的受访者认为所在村庄没有开展过此类宣传。总体看，农村人居环境整治宣传工作已有效开展，大多数村民对"厕所革命"有一定了解。具体如表 14-8 所示。

表 14-8 样本区域"厕所革命"宣传情况

项目	项目分类	频数	占比（%）
是否进行过"厕所 革命"的宣传	是	545	78.76
	否	147	21.24

二是样本区域"厕所革命"补贴情况。样本地区农村户用卫生厕所改造采取群众自愿的方式进行，为激发农村居民参与积极性，使"厕所革命"顺利推进，当地采取上级财政奖补、旗（县）整合涉农资金和农户自筹的方式共同筹集厕改资金。在对参加厕改农户的补贴上，每户补助厕改资金原则上不高于3 000元；其中，上级奖补资金补贴2 000元/户，旗（县）财政整合涉农资金补贴1 000元/户，不足部分由农户自筹解决。对于不同类型的厕所改造，补贴标准也略有差异：对无害化卫生厕所（水冲式三格化粪池户厕）补助标准为3 000元；对卫生厕所（室外卫生厕所）补助标准为3 000元；对既有旱厕改造提升的农户，在3 000元限额内根据实际发生的资金额度进行补贴。从调查情况看，75.72%的样本户表示了解厕改补贴政策，24.28%的样本户表示不了解厕改补贴。具体如表14-9所示。

表14-9　样本户对厕改补贴的了解情况

项目	项目分类	频数	占比（%）
对厕改补贴是否了解	是	524	75.72
	否	168	24.28

4. 样本户"厕所革命"参与意愿

一是样本户厕改参与意愿情况。74.42%的受访户表示愿意参与厕改，表明多数村民对于参与厕改持积极态度；25.58%的受访者表示不愿意参加厕改，说明还有小部分村民可能没有意识到厕改的重要性，参与意愿较低。具体情况如表14-10所示。

表14-10　样本户"厕所革命"参与意愿

项目	项目分类	频数	占比（%）
"厕所革命"参与意愿	愿意	515	74.42
	不愿意	177	25.58

二是样本户厕改类型意愿情况。样本户中80.64%的村民愿意改建为水冲式厕所，19.36%的村民表示想继续改为旱厕。可以发现，水冲式厕所是农村地区较受欢迎的厕改类型。具体如表14-11所示。

表14-11　样本户厕改类型意愿

项目	项目分类	频数	占比（%）
厕改类型意愿	旱厕	134	19.36
	水冲式厕所	558	80.64

大多数村民愿意改建为水冲式厕所的原因可能有以下两个方面：一是从补贴金额来看，水冲式三格化粪池、室外卫生厕所补贴相对高一些；二是从城镇居民的推进方向来看，水冲式厕所便于一体式集中粪污处理，且卫生条件相比旱厕更加整洁。但从数据上看，仍有部分村民在厕改中愿意继续改建为旱厕，课题组亦对其原因做了进一步的调查。

从表 14 - 12 对愿意改建旱厕的样本户调查后发现：首先，更习惯使用旱厕是村民愿意继续改建旱厕的主要原因，此类样本占比 90.30%；其次，认为水冲式厕所日常维修麻烦会导致农户想改建为旱厕，此类样本占比为 32.84%；再次，认为水冲式厕所清掏麻烦也导致农户想继续改建为旱厕，此类样本占比为 26.12%。最后，还有 16.00% 的村民认为有其他原因愿意继续改建为旱厕。总体看，使用习惯、观念意识使部分农户认为旱厕使用更加方便，影响了农户改建水厕的意愿。需要说明的是，改建旱厕原因的调查只对选择了旱厕改建意愿的样本户进行询问，且该项问题为多选题，所以存在累计频数超过了愿意改建旱厕的样本数，累计百分比超过 100% 的情况。

表 14 - 12　样本户愿意改建旱厕的原因

项目	项目分类	频数	占比（%）
改建旱厕的原因	更习惯使用旱厕	121	90.30
	水冲式厕所后期清掏麻烦	35	26.12
	水冲式厕所日常维修麻烦	44	32.84
	其他	21	16.00

5. 样本户厕改费用支付意愿

农村厕改资金通常是通过上级财政奖补、旗（县）整合涉农资金和农户自筹三种方式予以共同筹集，这不仅存在政府补贴，还需要村民自行承担基坑挖掘，房屋改造，管道及相关配件购买等费用。因此，了解农村居民厕改费用支付意愿，对于厕改工作的顺利开展具有重要意义。故本研究对农户的厕改费用支付意愿做了进一步调查。

从调查情况来看，有 515 位受访者对厕改费用支付意愿进行了回答，其中，意愿支付金额在 601～800 元的样本数量最多，占比为 30.49%；意愿支付金额在 401～600 元的样本数量次之，占比 25.05%，上述两类支付意愿的样本数在总样本中超过 1/2。具体如表 14 - 13 所示。

表 14-13　样本户厕改费用支付意愿

项目	项目分类	频数	占比（%）
	0~200 元	11	2.14
	201~400 元	58	11.26
厕所改造费用个人	401~600 元	129	25.05
意愿支出情况	601~800 元	157	30.49
	801~1 000 元	74	14.37
	1 001 元及以上	86	16.70

四、农户厕改参与意愿影响因素分析

为了解农户"厕所革命"参与意愿的影响因素，文中拟对样本数据展开实证分析，以探究影响农村居民厕改参与意愿的主要原因，并展开相关讨论。

1. 模型构建

本部分主要探讨农村居民对"厕所革命"参与意愿的影响因素，故构建以下模型：

$$Y_i = f(X_1, X_2, X_3, \cdots, X_n, \theta_i) \tag{14-1}$$

式（14-1）中，Y_i 为第 i 个农户的"厕所革命"参与意愿，X_i 为拟探讨的相关影响因素，θ_i 指其他可能未观测到的影响因素，即随机干扰项。因变量样本户厕改参与意愿包含愿意（$Y=1$）和不愿意（$Y=0$）两种情况，为典型的离散选择变量，故本处拟采用 Logistic 模型对样本户厕改参与意愿的影响因素进行拟合回归，具体如式（14-2）所示：

$$y = \text{Ln}[p/(1-p)] = \beta_0 + \sum_{i=1}^{n} \beta_i x_i + \varepsilon \tag{14-2}$$

其中，p 表示农户愿意参与"厕所革命"意愿的概率，$p/(1-p)$ 是村民选择"愿意"与"不愿意"参与的概率比。

2. 变量设定

被解释变量。选取农村居民是否愿意参与"厕所革命"作为被解释变量，当村民不愿意参与改厕时，"$Y=0$"；反之，当村民愿意参与改厕时，"$Y=1$"。

解释变量。根据已有文献相关研究成果，选取村民性别、年龄、民族、婚姻状况、健康状况、受教育年限、政治面貌、村干部经历、职业、收入、支出、厕改相关认知、政策宣传和补贴了解情况作为解释变量，变量定义与赋值如表 14-14 所示。

表 14 - 14 模型变量定义与赋值

类别	解释变量	代码	变量定义与赋值
个人特征	性别	X_1	1＝男，2＝女
	年龄	X_2	1＝0～19 岁，2＝20～29 岁，3＝30～39 岁，4＝40～49 岁，5＝50～59 岁，6＝60 岁及以上
	民族	X_3	1＝汉族，2＝蒙古族，3＝满族，4＝回族，5＝其他
	婚姻状况	X_4	1＝未婚，2＝已婚，3＝离婚，4＝丧偶
	健康状况	X_5	0＝非健康，1＝健康
经济资本	家庭年收入	X_6	1＝0～30 000 元，2＝30 001～50 000 元，3＝50 001～70 000 元，4＝70 001～90 000 元，5＝90 001 元及以上
	家庭年支出	X_7	1＝0～30 000 元，2＝30 001～50 000 元，3＝50 001～70 000 元，4＝70 001～90 000 元，5＝90 001 元及以上
文化资本	受教育年限	X_8	1＝0～5 年，2＝6～8 年，3＝9～11 年，4＝12 年及以上
	政治面貌	X_9	0＝非党员，1＝党员
社会资本	村干部经历	X_{10}	0＝否，1＝是
	职业	X_{11}	1＝学生，2＝在家务农，3＝打工，4＝稳定的企事业单位员工，5＝兼业（务农加打工），6＝其他
村民信任	农村厕改是否是惠及村民的实事	X_{12}	0＝否，1＝是
村民认知	对自家厕所卫生条件满意度	X_{13}	1＝非常不满意，2＝不满意，3＝一般，4＝满意，5＝非常满意
	推进"厕所革命"必要性	X_{14}	1＝非常没必要，2＝没必要，3＝无所谓，4＝有必要，5＝非常有必要
政策宣传	是否通过微信等进行"厕所革命"宣传	X_{15}	0＝否，1＝是
补贴了解情况	是否了解厕改补贴	X_{16}	0＝否，1＝是

基于已有文献研究成果与实践经验，提出农村居民个人特征、家庭禀赋、村民信任、村民认知、政策宣传和厕改补贴了解情况等对农户"厕所革命"参与意愿影响的可能方向。具体如表 14 - 15 所示。

表 14 - 15 解释变量的预期影响方向

类别	变量名称	可能影响方向
被解释变量（Y）		
	农村居民是否愿意参与"厕所革命"	

（续）

类别	变量名称	可能影响方向
解释变量（X）		
个人特征	性别（X_1）	＋/－
	年龄（X_2）	＋
	民族（X_3）	＋/－
	婚姻状况（X_4）	＋
	健康状况（X_5）	＋
经济资本	家庭年收入（X_6）	＋
	家庭年支出（X_7）	－
文化资本	受教育年限（X_8）	＋
	政治面貌（X_9）	＋
社会资本	村干部经历（X_{10}）	＋
	职业（X_{11}）	＋
村民信任	农村厕改是否是惠及村民的实事（X_{12}）	＋
村民认知	对自家厕所卫生条件满意度（X_{13}）	－
	推进"厕所革命"必要性（X_{14}）	＋
政策宣传	是否通过微信等进行"厕所革命"宣传（X_{15}）	＋
补贴了解情况	对厕改补贴是否了解（X_{16}）	＋

3. 实证结果与分析

表14-16为农村居民厕改参与意愿影响因素分析的回归结果，可以发现：

一是在个人特征方面。性别、年龄、婚姻状况、健康状况均对农村居民厕改参与意愿产生显著影响。首先，从性别来看，其回归系数负向显著，表明男性村民厕改参与意愿强于女性村民。其次，从年龄来看，其回归系数正向显著，表明样本中年龄越大的农户参与厕改的意愿越强，可能的原因是，年轻村民由于常年在外务工，往往不会长期在村内居住，很多年轻人甚至只是过年时回村住几天，短时间在村停留使得年轻人不是很在意居住环境的好坏，相比厕改在时间和精力等方面的投入，忍忍几天就走了的想法使得年轻人参与厕改的意愿不强。再次，从婚姻状况来看，其回归系数正向显著，说明已婚农户更愿意进行厕改，这可能是因为已婚农户往往是在村内定居，厕所卫生条件的好坏对其生活质量有着直接的影响，且样本中已婚农户大多都有孩子，为了给孩子更好的生活环境，父母一辈的农户更愿意进行厕改；相较而言，未婚、离婚及丧偶的村民居住地有很大的不确定性，其厕改参与意愿较低。最后，从健康状况来看，其回归系数正向显著，意味着身体健康的农户更愿意参与到厕改行动中，可能的原因是，健康的农户往往掌握有更多健康生活的知识，也就更了解厕改对健康生活的好处，由此也就更愿意参与厕改；另外，由于厕改过程中需要一定的劳动投入，健康状况差、劳动能力弱的农户可能会更多顾及劳动投入问题，导致其厕改参与意愿受到一定抑制。

二是在家庭禀赋方面。首先，从经济资本看，家庭年支出的回归系数负向显著，意味着家庭年支出越少的村民越愿意参与厕改，可能原因是，在同村内收入差异不大的情况下，年支出越小的家庭储蓄能力越强，这些家庭在厕改费用支出上没有太大难度，不会影响其正常生活，因此参与积极性较高。其次，从文化资本看，村民受教育年限的回归系数正向显著，说明受教育水平越高的村民，厕改参与积极性越强，原因可能在于文化程度越高的村民更能认识到现有厕所卫生环境的脏乱差问题，在政府大力推进户厕改造的契机下，他们往往具有较强的厕改参与意愿。最后，从社会资本看，村干部经历的回归系数正向显著，表明当村民有过村干部经历时，则会对厕改参与的积极性更高，这可能是因为村干部的经历使得农户能够更好地理解国家农村厕改政策的意义和价值，由此使得这部分农户的厕改参与意愿更强。职业的回归系数负向显著，意味着在村务农的农户厕改参与意愿更强，可能的原因是，在村务农的农户长期生活在村里，他们更愿意通过厕改获得干净卫生的生活环境以提高生活幸福感，所以具有更高的厕改参与意愿。

三是在村民信任方面。农村厕改是否是惠及村民的实事的回归系数正向显著，说明村民对厕改政策越信任，其厕改参与意愿就越强，这表明要促进厕改工作的全面推开，必须取得村民的信任，只有当村民信任厕改工作，认为对自己有利且能够感受到厕改带来的幸福感，农户的参与意愿才会越强。

四是村民认知方面。首先，对自家厕所卫生条件满意度的回归系数负向显著，说明村民对自家厕所卫生条件越不满意，则参与厕改的意愿越强烈，原因在于，当农户不满意自家厕所卫生条件时，就越期望参与厕改以获得更好的卫生条件。其次，推进"厕所革命"必要性的回归系数正向显著，表明当农户认为推进"厕所革命"的必要性越高时，则其厕改参与意愿越强烈，这符合人们行动意愿的基本逻辑。

五是政策宣传方面。是否通过微信等进行"厕所革命"宣传的回归系数正向显著，说明厕改政策宣传会对农户的参与意愿产生正向影响。通过强化宣传，农户能够正确理解和认识农村厕改的价值，了解厕改后的好处，从而促进厕改参与意愿的提高。

六是厕改补贴了解方面。对厕改补贴是否了解的回归系数正向显著，意味着当村民对厕改补贴政策越了解，其参与意愿就越强。这是因为农村厕改需要农户在时间和资金上予以投入，而村民往往对自己花钱的事情极为敏感，不了解补贴政策，以为个人需要支付较大金额时，显然会抑制农户参与厕改的积极性；反之，当农户了解厕改补贴政策，知道自己只需支付小部分资金后，农户的厕改参与积极性往往随之提高。

经过稳健性检验后，上述结论依然成立。

表 14－16　模型回归结果

变量	系数	标准误
性别（X_1）	－1.722***	0.252
年龄（X_2）	0.984***	0.133
民族（X_3）	－0.331	0.234
婚姻状况（X_4）	0.527**	0.232
健康状况（X_5）	1.073***	0.316
家庭年收入（X_6）	0.123	0.130
家庭年支出（X_7）	－0.350**	0.147
受教育年限（X_8）	0.499***	0.145
政治面貌（X_9）	1.106	0.79
村干部经历（X_{10}）	1.662**	0.671
职业（X_{11}）	－0.312**	0.124
农村厕改是否是惠及村民的实事（X_{12}）	1.106***	0.330
对自家厕所卫生条件满意度（X_{13}）	－0.924***	0.146
推进"厕所革命"必要性（X_{14}）	0.438***	0.113
是否通过微信等进行"厕所革命"宣传（X_{15}）	0.871***	0.293
对厕改补贴是否了解（X_{16}）	0.913***	0.275
常数项	－2.480**	1.230

注：***、**、* 分别代表在1％、5％、10％的统计水平上显著。

五、研究结论

扎实推进农村厕所革命是我国农村人居环境整治工作的重要内容。提高农村厕所卫生条件不仅事关人民群众健康和生活环境的改善，更关乎我国乡村振兴战略的顺利推进。"厕所革命"不是动动嘴，举举手，表表态，而是需要政府和农户一起行动的大事，单靠政府一方的力量显然不够，要充分调动农户厕改积极性；作为厕改的主体和主要力量，农户是否积极参与对农村厕改的持续有效推进具有重要影响。然而，从实践经验看，农户的厕改参与意愿受多种因素影响，提高村民参与厕改的积极性需要一系列措施的有效实施，若没有针对性举措就无法从根本上激发村民参与热情。为此，探讨农户对厕改的参与意愿及其影响因素，具有重要现实意义与应用价值。

在梳理分析我国农村厕改工作推进历程与主要模式的基础上，文中利用农户微观调研数据，从多角度对农户"厕所革命"参与意愿进行了分析，并进一步运用实证分析方法，探讨了农村居民厕改参与意愿的影响因素。研究发现：

一是农村厕改工作大面积推开，相关条件已较为成熟。多数农户认可农村厕改是惠及民众的实事，信任厕改工作；农村人居环境整治宣传工作效果较好，多数受访村民对"厕所革命"有一定了解；半数以上的受访农户表示有必要或非常有必要对农村厕所进行治理；农村厕改多采用上级财政奖补、旗（县）整合涉农资金和农户自筹的方式共同筹集厕改资金，七成以上的受访农户表示了解厕改补贴政策。

二是在农村厕改意愿上，农户普遍持积极态度。近2/3的受访户表示愿意参与农村厕改；在厕改类型上，大部分农户更为认可水冲式厕所，表示愿意改建为户内水冲厕所；但仍有部分农户想改建为旱厕，传统使用习惯、担心水冲厕所维护麻烦和后期粪污清掏问题是导致农户想改建为旱厕的主要原因。多数农户表示愿意为厕改支出一定费用，半数以上受访者厕改意愿支付金额在 400～800 元。

三是农户厕改参与意愿的影响因素包括农户的个人特征、家庭禀赋、厕改信任、农户认知、政策宣传和厕改补贴等。年龄相对较大的农户、已婚农户由于长期在村居住，往往更愿意参与厕改，以期改善家庭卫生条件提高生活质量；身体健康的农户由于更为了解厕改对健康的重要性，往往更愿意参与厕改。家庭经济条件较好、受教育水平较高、有过村干部经历等的农户，对参与农村厕改更为积极。信任农村厕改政策，对厕改必要性认识充分的农户，更愿意参与农村厕改。广泛开展农村厕改宣传，让农户更为了解厕改补贴政策，有助于农户厕改参与积极性的提高。

基于上述结论，获得政策启示如下：第一，应鼓励长期在村居住的农民积极参与厕改，通过模范带头作用，激励更多村民加入厕改工作。第二，优先引导受教育程度较高、有村干部经历的农民参与厕改工作，这部分村民易于接受新鲜事物，且对政府厕改政策有较为深入的了解和参与热情，可通过这部分群体的厕改成功经验，发挥示范作用带动更多农民加入厕改。第三，通过多渠道增进农民对厕改工作的了解与认知，提升其厕改参与意愿。第四，利用村民大会、广播和微信等多种形式，广泛宣传"厕所革命"的意义，以及厕改补贴相关政策，让农民全面了解厕改的好处和家庭厕改经济成本等问题，打消由于信息宣传不到位导致的误解，推动厕改工作有效推进。第五，加大农村厕改专项资金投入力度，并对相关涉农资金进行有效整合，采取以奖代补、先建后补等多种方式，保障农村厕改资金投入；同时，引导农户参与厕改资金筹集，并充分发挥社会与市场机制作用，鼓励社会力量加入农村厕改工作，有效拓展农村厕改资金来源渠道。

参 考 文 献

阿拉木萨，王利清，2023. 共同富裕视角下扎赉特旗农村生态环境治理现实审视与路径优化 [J]. 甘肃农业（6）：89-93.

白凌婷，徐嘉辉，谢小军，2023. 乡村振兴背景下农村生态环境污染治理的不足与对策 [J]. 农业经济（8）：34-37.

本刊编辑部，2022. 十年间，"十个坚持"筑牢大生态底色 [J]. 林业与生态（10）：1.

毕向阳，肖林，许亚敏，2023. 农村基层选举中的宗族博弈与社区治理：基于全国村庄抽样调查数据的量化分析 [J]. 社会学评论（2）：91-113.

陈鹏，高旸，2021. 新生代农民工城市社会融入与社区治理探研：以 J 省新生代农民工群体为例 [J]. 长白学刊（6）：122-130.

陈义媛，2018. 农产品经纪人与经济作物产品流通：地方市场的村庄嵌入性研究 [J]. 中国农村经济（12）：117-129.

陈泽金，2020. 基于氮养分平衡的南安市畜禽粪污土地承载力研究 [J]. 中国农学通报，36（24）：59-62.

崔岩，张宾，赵常杰，2022. 农村青年返乡意愿影响因素研究：以外卖骑手为例 [J]. 中国青年社会科学（5）：78-86.

董红敏，左玲玲，魏莎，等，2019. 建立畜禽废弃物养分管理制度促进种养结合绿色发展 [J]. 中国科学院院刊，34（2）：180-189.

杜焱强，刘平养，包存宽，等，2016. 社会资本视阈下的农村环境治理研究：以欠发达地区 J 村养殖污染为个案 [J]. 公共管理学报，13（4）：101-112，157-158.

杜焱强，2019. 农村环境治理 70 年：历史演变、转换逻辑与未来走向 [J]. 中国农业大学学报（社会科学版），36（5）：82-89.

费孝通，2020. 乡土中国：生育制度 [M]. 北京：北京大学出版社.

冯亮，2016. 中国农村环境治理问题研究 [D]. 北京：中共中央党校.

冯璞阳，谢恩泽，白亚妮，等，2021. 陕西省畜禽粪肥资源现状及其替代化肥潜力分析 [J]. 四川农业大学学报，39（3）：391-399.

盖豪，颜廷武，张俊飚，2020. 感知价值、政府规制与农户秸秆机械化持续还田行为：基于冀、皖、鄂三省 1288 份农户调查数据的实证分析 [J]. 中国农村经济（8）：106-123.

郭庆海，2021. 渐行渐远的农牧关系及其重构 [J]. 中国农村经济（9）：22-35.

郭云南，王春飞，2020. 第一大姓当选是否会促进创业？ [J]. 经济学（季刊），19（4）：1355-1374.

韩冬梅，刘静，金书秦，2019. 中国农业农村环境保护政策四十年回顾与展望 [J]. 环境与可持续发展，44（2）：16-21.

韩玉祥，2021. 乡村振兴战略下农村基层治理新困境及其突围：以农村人居环境整治为例 [J]. 云南民族大学学报（哲学社会科学版），38（2）：48-56.

郝文强，叶敏，2023. 多重合法性的交织：农村环境治理的用工模式选择 [J]. 公共管理评论，5（2）：74-94.

何可，李凡略，畅华仪，2021. 构建低碳共同体，地方性共识与规模养猪户农业碳交易参与：以农村沼气 CCER 碳交易项目为例 [J]. 中国农村观察（5）：71-91.

何可，李凡略，叶丽红，等，2022. 农村社区融入对规模养殖户采取非正式社会制裁行为的影响 [J]. 中国农村观察（2）：147-164.

何可，张俊飚，张露，等，2015. 人际信任、制度信任与农民环境治理参与意愿——以农业废弃物资源化为例 [J]. 管理世界（5）：75-88.

何御舟，付彦芬，2016. 农村地区卫生厕所类型与特点 [J]. 中国卫生工程学，15（2）：191-193，195.

贺雪峰，2017. 治村 [M]. 北京：北京大学出版社.

胡钰，付饶，金书秦，2019. 脱贫攻坚与乡村振兴有机衔接中的生态环境关切 [J]. 改革（10）：141-148.

黄华，姚顺波，2021. 生态认知、政府补贴与农户参与农村人居环境整治意愿 [J]. 统计与信息论坛，36（12）：80-91.

黄美玲，夏颖，范先鹏，等，2017. 湖北省畜禽养殖污染现状及总量控制 [J]. 长江流域资源与环境，26（2）：209-219.

黄鑫，赵兴敏，苏伟，等，2022. 基于种养平衡的吉林省辽河流域农田畜禽粪便负荷研究 [J]. 农业环境科学学报，41（1）：193-201.

黄祖辉，钟颖琦，王晓莉，2016. 不同政策对农户农药施用行为的影响 [J]. 中国人口·资源与环境，26（8）：148-155.

吉永桃，冯建军，2022. 陌生人社会中人的境遇与道德教育的重建 [J]. 南京社会科学，（11）：69-77.

季乃礼，沈文瀚，2022. 面子协商与阶段式传播：以天津市 S 社区垃圾分类政策传播为例 [J]. 上海行政学院学报，23（3）：62-72.

贾亚娟，赵敏娟，2019. 环境关心和制度信任对农户参与农村生活垃圾治理意愿的影响 [J]. 资源科学，41（8）：1500-1512.

姜利娜，赵霞，2021. 制度环境如何影响村民的生活垃圾分类意愿：基于京津冀三省市村民的实证考察 [J]. 经济社会体制比较（5）：139-151.

蒋瑛，陈钰晓，田益豪，2019. 信贷约束对农户多维贫困的影响分析——基于 2016 年中国家庭追踪调查数据（CFPS）的实证研究 [J]. 农村经济（4）：56-63.

金书秦，韩冬梅，2020. 农业生态环境治理体系：特征、要素和路径 [J]. 环境保护，48（8）：15-20.

金书秦. 农业面源污染特征及其治理 [J]. 改革（11）：53-56.

鞠昌华，张慧，2019. 乡村振兴背景下的农村生态环境治理模式 [J]. 环境保护，47（2）：23-27.

柯宇晨，曾镜霏，陈玉娇，2014. 共生理论发展研究与方法论评述［J］. 市场论坛（5）：14-16.

李成，2022. 中国农村生态环境治理现代化政策发展研究［J］. 学术探索（8）：45-51.

李芬妮，张俊飚，何可，2019. 非正式制度、环境规制对农户绿色生产行为的影响：基于湖北1105 份农户调查数据［J］. 资源科学，41（7）：1227-1239.

李芬妮，张俊飚，何可，2020. 农户外出务工、村庄认同对其参与人居环境整治的影响［J］. 中国人口·资源与环境（12）：185-192.

李慧，付昆明，周厚田，等，2017. 农村厕所改造现状及存在问题探讨［J］. 中国给水排水，33（22）：13-18.

李秋霞，2021. 新型城镇化进程中我国农村生态环境治理的法律机制研究［J］. 农业经济（9）：25-27.

李潇，2020. 乡村振兴战略下农村生态环境治理的激励约束机制研究［J］. 管理学刊，33（2）：25-35.

李小静，2017. 农村生态环境包容性治理研究［J］. 未来与发展，41（5）：16-20.

李晓凤，龙嘉慧，2022. 农民工骑手群体社会融入的空间区隔及社会工作干预路径［J］. 深圳大学学报（人文社会科学版），39（3）：117-126.

李岩，2012. 循环经济与北京：发展·问题·对策［M］. 北京：中国经济出版社.

林龙飞，李睿，陈传波，2020. 从污染"避难所"到绿色"主战场"：中国农村环境治理 70 年［J］. 干旱区资源与环境，34（7）：30-36.

林源，马骥，秦富，2012. 中国畜禽粪便资源结构分布及发展展望［J］. 中国农学通报，28（32）：1-5.

刘刚，张春义，赵福平，等，2017. 黄土高原畜禽养殖结构及土地承载力分析：以甘肃省庆阳市为例［J］. 家畜生态学报，38（12）：73-77，96.

刘鹏，崔彩贤，2020. 新时代农村人居环境治理法治保障研究［J］. 西北农林科技大学学报（社会科学版），20（5）：102-109.

刘腾龙，2020. "熟悉中的陌生"：农村籍青年退伍士兵的回乡困境［J］. 当代青年研究（1）：102-107.

刘晓永，王秀斌，李书田，2018. 中国农田畜禽粪尿氮负荷量及其还田潜力［J］. 环境科学，39（12）：5723-5739.

刘志林，2022. 畜禽粪污处理利用现状及对策［J］. 山东畜牧兽医，43（7）：47-49.

娄树旺，2016. 环境治理：政府责任履行与制约因素［J］. 中国行政管理（3）：48-53.

卢青，2022. 农村人居环境综合评价指标体系构建及实证：以湖北省为例［J］. 统计与决策，38（22）：71-75.

鲁瑞丽，徐自强，2023. 农村人居环境治理绩效生成模式研究：基于 31 个省市典型案例的模糊集定性比较分析［J］. 干旱区资源与环境，37（10）：1-12.

罗航宇，文豪，孙晴，等，2020. 基于 AHP 的四川农村人居环境的评价体系构建及实证研究［J］. 农业与技术，40（24）：151-153.

吕建华，林琪，2019. 我国农村人居环境治理：构念、特征及路径［J］. 环境保护，47

（9）：42-46.

马灿明，毛云峰，张健，等，2020. 我国农村厕所革命相关技术标准规范和实施进展［J］. 安徽农业科学，48（20）：215-221.

马荟，庞欣，奚云霄，等，2020. 熟人社会、村庄动员与内源式发展：以陕西省袁家村为例［J］. 中国农村观察（3）：28-41.

毛渲，王芳，2022. 城乡融合视角下的农村环境治理体系重建［J］. 西南民族大学学报（人文社会科学版），43（3）：190-196.

聂峥嵘，罗小锋，唐林，等，2021. 社会监督、村规民约与农民生活垃圾集中处理参与行为——基于湖北省的调查数据［J］. 长江流域资源与环境，30（9）：2264-2276.

偶春，姚侠妹，王泽璐，等，2022. 多元文化视角下农村人居环境景观适宜性评价体系研究［J］. 吉林农业科技学院学报，31（1）：23-29.

潘瑜春，孙超，刘玉，等，2015. 基于土地消纳粪便能力的畜禽养殖承载力［J］. 农业工程学报，31（4）：232-239.

沈费伟，2019. 农村环境参与式治理的实现路径考察：基于浙北荻港村的个案研究［J］. 农业经济问题（8）：30-39.

沈费伟，杜芳，2020. 乡村振兴时代"零污染村庄"的实践逻辑与创新模式研究：基于浙江省源头村的个案考察［J］. 农业经济问题（4）：75-84.

沈费伟，刘祖云，2016. 农村环境善治的逻辑重塑：基于利益相关者理论的分析［J］. 中国人口·资源与环境，26（5）：32-38.

史瑞祥，薛科社，周振亚，2017. 基于耕地消纳的畜禽粪便环境承载力分析——以安康市为例［J］. 中国农业资源与区划，38（6）：55-62.

宋大平，庄大方，陈巍，2012. 安徽省畜禽粪便污染耕地、水体现状及其风险评价［J］. 环境科学，33（1）：110-116.

孙慧波，赵霞，2022. 农村生活垃圾处理农户付费制度的理论基础和实践逻辑——基于政社互动视角的审视［J］. 中国农村观察（4）：96-114.

孙文凯，王格非，2020. 流动人口社会身份认同、过度劳动与城乡差异［J］. 经济学动态（9）：96-110.

孙旭友，2021. 垃圾分类在农村：乡村优势与地方实践［J］. 中国矿业大学学报（社会科学版），23（6）：79-88.

唐林，罗小锋，张俊飚，2019. 社会监督、群体认同与农户生活垃圾集中处理行为：基于面子观念的中介和调节作用［J］. 中国农村观察（2）：18-33.

唐林，罗小锋，张俊飚，2020. 环境规制如何影响农户村域环境治理参与意愿［J］. 华中科技大学学报（社会科学版），34（2）：64-74.

田千山，2013. 生态环境多元共治模式：概念与建构［J］. 行政论坛，20（3）：94-99.

王芳，黄军，2018. 小城镇生态环境治理的困境及其现代化转型［J］. 南京工业大学学报（社会科学版），17（3）：10-21.

王建华，李培培，张宝珣，等，2018. 青岛市畜禽粪便负荷量和土地承载力研究［J］. 中国畜牧杂志，54（10）：138-144.

王忙生，张雁，张双奇，等，2019. 基于养分平衡理论的商洛市畜禽粪污土地承载力研究［J］. 西北农业学报，28（7）：1147-1157.

王祺斌，夏嘉呈，于立芝，等，2020. 农村人居环境质量客观评价指标体系研究［J］. 农学学报，10（8）：71-77.

王水雄，2019. 乡土社会与单位社会：一个辨析［J］. 中国人民大学学报，33（6）：111-120.

王涛，袁牧歌，2019. 流动性约束与企业出口行为——基于 Heckman 两阶段模型的实证研究［J］. 国际商务（对外经济贸易大学学报）（3）：15-31.

王炜，张宏艳，2020. 社会资本视阈下农村生态环境治理问题研究［J］. 农业经济（10）：96-98.

王学婷，张俊飚，何可，等，2019. 农村居民生活垃圾合作治理参与行为研究：基于心理感知和环境干预的分析［J］. 长江流域资源与环境，28（2）：459-468.

王亚华，王博，2023. 建设宜居宜业和美乡村推进中国式农业农村现代化［J］. 中国报道（6）：36-38.

王亚娟，刘小鹏，2015. 宁夏农地畜禽粪便负荷及环境风险评价［J］. 干旱区资源与环境，29（8）：115-119.

王永生，刘彦随，龙花楼，2019. 我国农村厕所改造的区域特征及路径探析［J］. 农业资源与环境学报，36（5）：553-560.

温莹蕾，2021. 农村人居环境与乡村旅游耦合评价指标体系构建及应用——以山东省为例［J］. 武汉商学院学报，35（5）：24-28.

温忠麟，方杰，谢晋艳，等，2022. 国内中介效应的方法学研究［J］. 心理科学进展，30（8）：1692-1702.

席北斗，李娟，汪洋，等，2019. 京津冀地区地下水污染防治现状、问题及科技发展对策［J］. 环境科学研究，32（1）：1-9.

肖琴，周振亚，罗其友，2019. 长江中下游地区畜禽承载力评估与预警分析［J］. 长江流域资源与环境，28（9）：2050-2058.

谢曙光，范传刚，何祖安，等，2019. 双瓮漏斗式厕所标准追踪研究［J］. 公共卫生与预防医学，30（4）：12-15.

徐燕，彭方明，霍仕平，等，2018. 山区旱地猪-沼-粮（玉米）循环模式的研究与效益评价［J］. 中国土壤与肥料（4）：159-165.

许敬辉，2023. 农村人居环境评价指标体系构建与实证［J］. 统计与决策，39（19）：97-101.

闫晗，乔均，杜蓉，2021. 粮食最低收购价政策对粮食加工业综合技术效率的影响——基于三阶段 DEA 和 Tobit 模型的实证研究［J］. 商业研究（4）：120-131.

杨春蓉，2019. 建国 70 年来我国民族地区生态环境保护政策分析［J］. 西南民族大学学报（人文社科版），40（9）：206-213.

杨旭，黄艳艳，刘海林，等，2019. 海南省畜禽养殖环境承载力及有机肥替代化肥潜力分析［J］. 农业环境科学学报，38（11）：2609-2618.

杨逐原，2022．仪式传播中的意义生产及村落共同体的认同研究：以贵州省黔东南州占里村为例［J］．贵州民族研究，43（6）：126-132.

姚瑶，2021．农村生态环境治理的现实困境分析［J］．农业经济（4）：51-52.

叶大凤，马云丽，2018．农村环境污染协同治理机制探析：以广东 M 市为例［J］．广西民族大学学报（哲学社会科学版），40（6）：30-36.

于法稳，黄鑫，王广梁，2021．畜牧业高质量发展：理论阐释与实现路径［J］．中国农村经济（4）：85-99.

余靖，张超杰，周琪，等，2021．典型高寒缺水农村地区厕所现状及改厕技术［J］．环境卫生工程，29（1）：1-8，13.

张博，梅莹莹，2023．全面推进乡村振兴视域下的农村生态环境治理：政策演进与路径选择［J］．南京农业大学学报（社会科学版），23（2）：112-120.

张会吉，薛桂霞，2022．我国农村人居环境治理的政策变迁：演变阶段与特征分析——基于政策文本视角［J］．干旱区资源与环境，36（1）：8-15.

张家其，段维维，朱烜伯，2018．湘西农村贫困地区人居环境综合评价［J］．企业经济，37（9）：176-181.

张金俊，2018．我国农村环境政策体系的演进与发展走向：基于农村环境治理体系现代化的视角［J］．河南社会科学，26（6）：97-101.

张平，隋永强，2015．一核多元：元治理视域下的中国城市社区治理主体结构［J］．江苏行政学院学报（5）：49-55.

张新华，2019．建设生态宜居美丽乡村是乡村振兴的关键［N］．中国经济时报，2019-5-14（A04）.

张绪美，董元华，王辉，等，2007．中国畜禽养殖结构及其粪便 N 污染负荷特征分析［J］．环境科学（6）：1311-1318.

张英，武淑霞，刘宏斌，等，2019．基于种养平衡的河南省畜禽养殖分析及其环境污染风险研究［J］．中国土壤与肥料（4）：24-30，52.

张羽飞，王丽霞，庞力豪，等，2020．畜禽粪尿量概算及污染状况分析——以山东省为例［J］．黑龙江畜牧兽医，591（3）：60-64.

张云生，张喜红，2023．元治理视域下农村人居环境治理复杂性困境的破局［J］．湖湘论坛，36（5）：56-66.

张志胜，2020．多元共治：乡村振兴战略视域下的农村生态环境治理创新模式［J］．重庆大学学报（社会科学版），26（1）：201-210.

郑莉，张晴雯，张爱平，等，2019．山东省畜禽粪污土地承载力时空分异特征分析［J］．农业环境科学学报，38（4）：882-891.

周芳，琼达，金书秦，2021．西藏畜禽养殖污染现状与环境风险预测［J］．干旱区资源与环境，35（9）：82-88.

周围，2007．农村人居环境支撑系统评价指标体系的构建［J］．大庆社会科学（6）：67-69.

朱润，何可，张俊飚，2021．环境规制如何影响规模养猪户的生猪粪便资源化利用决策：基于规模养猪户感知视角［J］．中国农村观察（6）：85-107.

庄林政，陈家碧，熊春文，2021. 疫情影响下的农业安全与乡村振兴：第四届中国农业社会学论坛观点综述［J］. 中国农业大学学报（社会科学版），38（1）：50-59.

左孝凡，康孟媛，陆继霞，2022. 社会互动、互联网使用对农村居民生活垃圾分类意愿的影响［J］. 资源科学，44（1）：47-58.

CAPLAN A J，2003. Reputation and the control of pollution［J］. Ecological Economics，47（2）：197-212.

CHEN X P，WASTI S A，TRIANDIS H C，2007. When does group norm or group identity predict cooperation in a public goods dilemma? The moderating effects of idiocentrism and allocentrism［J］. International Journal of Intercultural Relations，31（2）：259-276.

COEN C，2013. Relative performance and implicit incentives in the intergroup prisoner's dilemma［J］. Organizational Behavior and Human Decision Processes，120（2）：181-190.

GAO C，CHENG L，IQBAL J，et al.，2019. An integrated rural development mode based on a tourism-oriented approach：Exploring the beautiful village project in China［J］. Sustainability，11（14）：3890-3907.

HAN Z Y，LIU Y，ZHONG M，et al.，2018. Influencing factors of domestic waste characteristics in rural areas of developing countries［J］. Waste Management（2）：45-54.

HUANG K X，WANG J X，BAI J F，et al.，2013. Domestic solid waste discharge and it's determinants in rural China［J］. China Agricultural Economic Review，5（4）：512-525.

ISLAM A，CHAU N，2018. Do networks matter after a natural disaster? A study of resource sharing within an informal network after Cyclone Aila［J］. Journal of Environmental Economics and Management，90：249-268.

PAN D，YING R Y，HUANG Z H，2017. Determinants of residential solid waste management services provision：A village-level analysis in rural China［J］. Sustainability，9（1）：110-125.

QIU Z M，CHEN B X，AKIRA N，2013. Review of sustainable agriculture：Promotion，its challenges and opportunities in Japan［J］. Journal of Resources and Ecology，4（3）：231-241.